ARITHMÉTIQUE APPLIQUÉE

OU

RECUEIL MÉTHODIQUE

DE 730 PROBLÈMES RECUEILLIS DANS LES EXAMENS

A L'USAGE

DES CANDIDATS AU CERTIFICAT D'ÉTUDES PRIMAIRES,
AU BREVET ÉLÉMENTAIRE ET AU BREVET SUPÉRIEUR.

PAR

G. BOVIER-LAPIERRE

Ancien professeur de mathématiques à l'École normale de Cluny,
Professeur honoraire de l'Université, Officier de l'Instruction publique,
Membre de la Société de linguistique de Paris,
Ancien membre de la Commission des examens de l'Hôtel-de-Ville de Paris,
Délégué cantonal du IVe arrondissement.

LIVRE DE L'ÉLÈVE

CONTENANT LES RÉPONSES DES PROBLÈMES AVEC DES CONSEILS
ET DES RÈGLES.

PARIS

LIBRAIRIE CH. DELAGRAVE

15, RUE SOUFFLOT, 15

1882

SOUS PRESSE :

LIVRE DU MAITRE

CONTENANT LES SOLUTIONS RAISONNÉES DE TOUS LES PROBLÈMES
DU LIVRE DE L'ÉLÈVE.

AVERTISSEMENT

Les 720 problèmes contenus dans ce recueil ont été distribués en plusieurs chapitres, et classés méthodiquement dans chacun, de telle sorte que les difficultés vont en croissant graduellement du premier au dernier. C'est à cause de cet ordre exigé par l'intérêt des élèves que certains problèmes appartenant aux examens du brevet supérieur se trouvent placés avant d'autres problèmes proposés dans les examens du brevet élémentaire et même du certificat d'études primaires. Cette absence de juste proportion entre les sujets des épreuves écrites des diverses académies s'est opposé à la réalisation du plan que nous avions d'abord formé : diviser ce recueil en deux parties, l'une consacrée au brevet élémentaire, l'autre au brevet supérieur. Au reste, les maîtres et les maîtresses sauront très bien distinguer les problèmes qui, vers la fin de chaque chapitre, doivent être réservés à ce dernier brevet.

Certains énoncés paraîtront peut-être longs et même diffus ; qu'on ne nous en attribue pas la rédaction. Nous avons tenu à conserver aux sujets de composition la forme officielle avec laquelle ils ont été proposés dans les examens. Les candidats se familiariseront ainsi avec les difficultés de nature diverse qu'ils peuvent rencontrer dans les

1

questions qu'ils auront à résoudre; en même temps ils trouveront toute la variété désirable dans ces problèmes recueillis, pour ainsi dire, sur tous les points de la surface du pays.

Parmi les problèmes réunis ici, il y en a, même parmi ceux du brevet élémentaire, dont la solution ne diffère que par la forme de celle qu'emploierait la méthode algébrique. Il ne sera pas sans intérêt pour les candidats de voir quelle simplicité et quelle clarté le langage algébrique apporte dans ces questions; nous croyons donc leur rendre service en indiquant celles de ces questions qui sont traitées dans les *Solutions raisonnées* des problèmes de notre *Algèbre simplifiée* [1].

---

[1] *Algèbre simplifiée*, à l'usage des élèves des Écoles normales et des Aspirants et Aspirantes aux Brevets de capacité. 1 vol. in-12 cart. Prix : 2 fr.

Solutions raisonnées des problèmes proposés comme exercices dans l'*Algèbre simplifiée*. 1 vol. in-12 cart. Prix : 2 fr.

INTRODUCTION

Personne ne conteste plus aujourd'hui la valeur du certificat d'études primaires. D'un autre côté, le brevet de capacité a pris une grande importance ; car quoiqu'il ne soit exigé que pour les fonctions d'instituteur et d'institutrice, il est recherché, à Paris surtout, par un grand nombre de jeunes filles qui aspirent à l'acquérir comme un couronnement de leurs études. De là est née dans les écoles une vive émulation, et si les efforts des aspirants et des aspirantes étaient aidés par une bonne méthode, les études en éprouveraient une heureuse influence ; les maîtres n'auraient pas à lutter péniblement contre des difficultés qu'ils ne surmontent qu'à force de zèle. Or si nous ne considérons que l'arithmétique en particulier, les épreuves écrites et les épreuves orales des examens montrent que, malgré de réelles améliorations, elle est encore sous le joug de la routine et qu'elle s'accroche trop aveuglément à des considérations abstraites empruntées à un enseignement d'un autre ordre, au lieu de suivre une voie plus naturelle et par là même plus simple, que le bon sens suffirait seul à découvrir dans bien des cas. Cette conclusion, qui paraîtra peut-être sévère à quelques personnes, est le résultat de nos observations personnelles. Pour la justifier, nous allons entrer dans quelques développements, que nous appuierons sur des exemples exclusivement puisés dans les examens.

Nous signalerons d'abord un préjugé qui égare les aspirantes surtout, c'est que la valeur d'une composition est pour ainsi dire mesurée sur son étendue. Elles craindraient d'être accusées d'ignorance ou au moins de pauvreté de savoir, si elles ne jetaient pêle-mêle sur le papier tout ce que la mémoire leur fournit relativement à la question qu'elles ont à traiter. Parmi les nombreux exemples que nous pourrions citer, voici un des plus remarquables.

Le problème suivant avait été proposé pour l'épreuve écrite dans l'examen du brevet élémentaire.

Le bois à brûler provenant des démolitions se vend 35 francs les 1000 kilogrammes ; à combien revient le stère de ce bois, si le stère ne pèse que les 0,9 du poids du même volume d'eau?

Dans la plupart des compositions que nous eûmes l'occasion d'examiner, la résolution de ce petit problème n'occupait pas moins d'une page de grand format. C'était un exposé confus de tout ce qui concerne la mesure du volume d'un corps à faces rectangulaires ; du mètre, on descendait au décimètre cube et même au centimètre cube ; on évaluait le poids d'un *centimètre cube* de ce bois, comme si la masse avait été compacte et sans aucun vide, en appelant à son aide la relation qui existe entre le poids, le volume et la densité d'un corps. Enfin au milieu de ces explications confuses, plusieurs passèrent à côté du but sans l'apercevoir; en d'autres termes, elles ne parvinrent pas à la solution cherchée, quand il suffisait d'un instant de réflexion pour la découvrir et de quelques lignes pour tracer la marche qui y conduisait.

Si les aspirantes avaient été habituées à consulter leur raison, plutôt que leur mémoire, elles n'auraient pas dit autre chose que ce qui suit.

Le mètre cube d'eau pèse 1000^{Kgr} ou 10 quintaux.

Le stère de bois n'en pèse que les 9 dixièmes, c'est-à-dire 9 quintaux.

Le prix de 10 quintaux de bois est 35 francs.

Celui de 1 quintal en serait la 10e partie ou 3^f,50.

Le stère vaudra 9 fois autant, c'est-à-dire 3^f,50 × 9 = 31^f,50.

Cette déplorable prolixité, qui semble un mérite indispensable, provient de l'abus qu'on fait de la *méthode de l'unité*, en l'appliquant partout et d'une manière uniforme, comme si c'était une machine dont il suffit de tourner la manivelle, pour faire sortir des matières qu'on y a mises le résultat demandé.

Qu'on pose, par exemple, la question suivante : *Calculez l'intérêt de* 900 *francs à* 5 % *pour* 3 *mois.*

Les élèves ne manqueront jamais de couvrir une demi-page de
ce beau raisonnement, que nous nous bornons à transcrire

100 fr. en 1 an ou 12 mois produisent 5 fr.

1 fr. en 12 mois rapportera 100 fois moins ou $\dfrac{5}{100}$.

1 fr. en 1 mois rapportera 12 fois moins ou $\dfrac{5}{100 \times 12}$.

900 fr. en 1 mois rapporteront 900 fois plus ou $\dfrac{5 \times 900}{100 \times 12}$.

900 fr. en 3 mois rapporteront 3 fois plus ou $\dfrac{5 \times 900 \times 3}{100 \times 12}$.

Il ne viendra à l'esprit de personne de dire simplement :
L'intérêt de 900 fr. pour 1 an est 9 fois l'intérêt de 100 fr.,
c'est-à-dire 45 fr.

Pour 3 mois, ou le quart de l'année, l'intérêt sera le quart de
45 fr., par conséquent 11^f,25.

Il semble que dans l'atmosphère de l'école ou de la salle d'examen, les choses les plus simples prennent des proportions extra-
ordinaires et présentent un aspect tout autre que celui qu'elles
auraient au dehors. Les idées elles-mêmes ne s'y succèdent plus
dans leur ordre naturel.

Par exemple, on avait à chercher pour l'épreuve écrite dans un
examen : *combien il faudrait de temps à deux fontaines coulant ensemble pour remplir un bassin de* 800 *litres, chaque fontaine four-
nissant un certain nombre de litres dans un temps donné.*

Après avoir trouvé, d'après les conditions du problème, que les
deux fontaines versaient ensemble par heure 97 litres 6 décilitres,
il semble que tous devaient s'accorder à dire que le nombre
d'heures demandé est égal au nombre de fois qu'il y a 97^l,6 dans
800 litres et qu'il suffit par conséquent de diviser 800 par 97,6.

Cette marche parut trop courte et trop directe, et dans presque
toutes les compositions, on prit le détour suivant.

Pour remplir 97^l,6 il faut 1 heure.

Pour remplir 1 litre, il faudrait $\dfrac{1}{97,6}$ heure.

Pour remplir 800 litres, il faudrait $\dfrac{1 \times 800}{97,6}$.

Engagé dans l'ornière de la méthode de l'unité, on ne s'apercevait pas combien on heurtait le bon sens, en cherchant le temps qu'auraient mis les deux fontaines pour remplir *un litre*, quand il s'agit d'un bassin de 800 litres, et surtout lorsque la quantité d'eau fournie par les deux fontaines est assez considérable pour qu'il soit matériellement impossible de déterminer le temps qu'elles mettraient à remplir un litre seulement.

Nous n'en finirions pas, si nous voulions retracer ici les voies tortueuses dans lesquelles se jettent les élèves à la recherche de la solution d'un problème, et les procédés mécaniques auxquels ils ont recours. Nous présenterons seulement comme dernier exemple la méthode employée presque partout, avec une aveugle uniformité, pour partager un nombre en deux ou plusieurs parties ayant entre elles des relations données.

Soit la question suivante : *Diviser 72 francs entre deux personnes, de manière que la plus jeune ait les* $\dfrac{4}{5}$ *de ce qu'aura l'aînée.*

D'abord, il arrive souvent que, faute de réfléchir sur la question et de la comprendre, les élèves s'empressent d'appliquer la fraction au nombre à partager et prennent ici les $\dfrac{4}{5}$ de 72 francs pour avoir l'une des parts, oubliant que la 2ᵉ part doit être non pas les $\dfrac{4}{5}$ de la somme totale, mais seulement de l'autre part.

Ceux qui se rappellent mieux les leçons qu'ils ont reçues, au sujet de ces questions, font la dissertation suivante que nous reproduisons textuellement.

Si on représente la part de l'aînée par 1 ou $\dfrac{5}{5}$, la part de la cadette sera représentée par $\dfrac{4}{5}$, c'est-à-dire qu'il faut partager

72 francs en deux parties qui soient entre elles comme les frac-. tions $\frac{5}{5}$ et $\frac{4}{5}$ ou comme leurs numérateurs 4 et 5, dont le total est 9. Mais 5 par rapport à 9 est les $\frac{5}{9}$ et 4 par rapport à 9 en est les $\frac{4}{9}$. L'aînée aura donc les $\frac{5}{9}$ de 72 fr. ou $\frac{72\times 5}{9} = 40$ fr. et la cadette aura les $\frac{4}{9}$ de 72 fr. ou $\frac{72\times 4}{9} = 32$ fr.

La première fois que l'élève a entendu de telles explications, il n'y a certainement pas compris grand'chose. Qu'est-ce pour lui que ces fractions $\frac{5}{5}$ et $\frac{4}{5}$ qui sont censées représenter les deux parts ? Un 5ᵉ c'est la 5ᵉ partie de quelque chose ; quelle est ici cette chose ? En outre les deux parts réunies devraient donner $\frac{9}{5}$, c'est-à-dire 9 fois la 5ᵉ partie de cette chose imaginaire. Ce raisonnement est aussi solide que si on voulait poser une construction sur un nuage ; ce n'est même plus un raisonnement, c'est parler contre la raison.

N'insistons pas plus longuement sur cette singulière théorie, où l'élève n'entend que des mots, sans pouvoir y saisir quelques idées claires. Un paysan ignorant qui assisterait à une pareille leçon hausserait les épaules ; il n'en dirait pas si long pour opérer le partage, si on mettait les 72 pièces d'un franc sur la table devant lui.

Je donne 5 fr. à l'aînée, dirait-il, et par conséquent 4 fr. à la cadette, ce qui fait en tout 9 fr. Or il y a 8 fois 9 fr. dans les 72 fr.; donc l'aînée aura 8 fois 5 fr., c'est-à-dire 40 fr.; la cadette aura 9 fois 4 fr., c'est-à-dire 36 fr.

De la leçon du paysan, il ne sera pas difficile de tirer la règle à appliquer pour résoudre les questions de cette espèce.

Le bon sens naturel, voilà le guide le plus sûr, le maître le plus habile ; malheureusement ce n'est pas celui qui est le plus souvent consulté. Qu'on lui donne une place plus grande dans l'enseigne-

XII INTRODUCTION.

ment de l'arithmétique, et cette étude devenue moins artificielle, perdra de son aridité et n'excitera plus de répulsion chez les élèves. C'est pour aider à amener cette transformation que nous avons rédigé cet ouvrage.

Nous avons voulu faire autre chose qu'une collection de problèmes, suivis du résultat dans le livre de l'élève ou accompagnés de leurs solutions développées dans le livre du maître. Recueillis dans les examens qui ont lieu à diverses époques et dans les diverses académies, ils présentent une variété de formes et de combinaisons, tout à fait propre à familiariser les candidats avec toutes les questions qui peuvent se présenter à eux. Cette qualité, qui n'est pas sans importance, serait insuffisante; nous avons cherché à donner à cet ouvrage un caractère vraiment pédagogique, en classant méthodiquement les problèmes qui sont unis entre eux par une certaine analogie, en indiquant les règles qui leur sont applicables, en y ajoutant des conseils propres à écarter les longueurs inutiles et à conduire au but par le chemin le plus commode et le plus court.

Pour la gradation des problèmes de chaque catégorie, nous avons dû l'établir en les comparant les uns avec les autres, et non pas d'après le degré de l'examen dans lequel ils ont été proposés; car tel problème qui a été donné pour le certificat d'études primaires est plus difficile qu'un autre problème proposé pour l'examen du brevet élémentaire et souvent celui-ci est plus embarrassant que tel problème proposé aux candidats du brevet supérieur.

Au reste, l'administration de l'instruction publique avait compris combien était fâcheux ce manque de proportion dans les épreuves écrites des examens; c'est pour y remédier, autant que possible, qu'elle envoie maintenant les mêmes sujets de compositions dans tous les départements, au lieu d'en laisser le choix, comme auparavant, aux diverses académies.

En terminant, nous nous permettrons de dire que cet ouvrage, tout modeste qu'il soit, nous a coûté plus de temps et de travail qu'on ne pense; à ce titre, nous réclamons l'indulgence de nos lecteurs pour les erreurs qui auraient pu échapper. Nous les prions même de nous les communiquer; nous recevrons leurs observations avec reconnaissance.

ARITHMÉTIQUE APPLIQUÉE

LIVRE DE L'ÉLÈVE

CONSEILS POUR LA RÉSOLUTION DES PROBLÈMES.

1° Présentez le raisonnement avec la plus grande concision, en omettant tous les détails inutiles; faites des phrases courtes, en évitant l'emploi des pronoms et des conjonctions.

2° Ne remplacez jamais dans le corps d'un raisonnement les mots *plus, moins, multiplié par, divisé par, égale* par les signes ($+, -, \times, :, =$); réservez ces signes pour les placer seulement entre les nombres.

3° Écrivez les nombres avec les signes qui les rattachent entre eux au bout de la ligne, ou mieux sur une seule ligne, afin qu'on les distingue nettement des explications qui les précèdent et de celles qui les suivent.

4° Dans un raisonnement où se présente une multiplication, conservez scrupuleusement à chaque facteur sa fonction et sa place, en ne perdant pas de vue que le multiplicateur reste un nombre abstrait. Par exemple, ne dites jamais que pour trouver le prix de 64 mètres d'étoffe à 7 fr. le mètre, il faut *multiplier* 64 *mètres par* 7 *fr.*, langage qu'on entend répéter partout, quoiqu'il soit contraire au bon sens. Dites seulement : *il faut multiplier* 7 *fr. par* 64; car le prix cherché est égal à 64 fois 7 fr., ce qu'on écrit ainsi :

$$7^f \times 64 = 448^f.$$

1.

N'oubliez pas de placer au-dessus de chaque nombre concret l'indication abrégée du nom de ses unités.

5° Supprimez sur la droite des nombres décimaux les zéros qui sont inutiles, afin d'avoir le moins de chiffres possible dans les opérations.

6° Lorsque dans un problème il est question d'un gain ou d'une perte de 1, 2, 3... pour cent, il faut vous rappeler que cette manière de parler signifie qu'on gagne ou qu'on perd 1, 2, 3... centimes par franc, ou encore que le gain ou la perte sont la 100° partie, 2 fois, 3 fois ... la centième partie de la somme à laquelle se rapporte le nombre donné pour cent.

7° Il est utile de se rappeler que la division d'un nombre par par 2, 4, 5, 8 peut toujours être effectuée complètement et donner un quotient exact, soit en nombre entier, soit en nombre décimal. On se dispense ainsi de conserver le quotient sous la forme d'une fraction ordinaire, qui rend les calculs lourds et embarrassants.

8° Dans les calculs, il convient le plus souvent de remplacer les fractions ordinaires suivantes par leurs valeurs exactes en décimales :

$$\frac{1}{2} \text{ par } 0,5; \quad \frac{1}{4} \text{ par } 0,25; \quad \frac{3}{4} \text{ par } 0,75;$$

$$\frac{1}{5} \text{ par } 0,2; \quad \frac{2}{5} \text{ par } 0,4, \text{ etc.;} \quad \frac{1}{8} \text{ par } 0,125.$$

9° A la fin du problème, écrivez toujours la réponse seule sur une ligne, en ayant soin de supprimer tous les chiffres qui ne représentent rien de réel. Par exemple, si vous avez trouvé pour une somme demandée $7^f,4236$, vous vous bornerez à prendre $7^f,42$, en négligeant 36 dix-millièmes, qui expriment une quantité moindre qu'un demi-centime. Vous augmenterez de 1 le dernier chiffre conservé, quand il sera suivi d'un chiffre supérieur à 5.

Nota. — Nous devons nous borner ici à ces recommandations générales, en nous réservant d'en indiquer d'autres à l'occasion. La résolution complète du problème suivant servira d'exemple pour le raisonnement et la disposition de l'indication des calculs.

Problème. — *Un marchand de faïence a acheté 38 douzaines d'assiettes à 2 fr. la douzaine et 500 vases à fleurs en terre à 35 fr. le cent. La casse et le rebut enlèvent 2 % sur la quantité des as-*

siettes et 2 % sur la quantité des vases. Le marchand veut gagner dans la vente 10 fr. sur les assiettes et 15 fr. sur les vases. Combien devra-t-il revendre chaque douzaine d'assiettes et chaque vase restants ?

Admission au Cours normal de filles. — Haute-Garonne.

Le nombre des assiettes acheté est

$$12 \times 38 = 456 \text{ assiettes.}$$

Le déchet sur ces assiettes est 0,02 du tout, c'est-à-dire

$$456 \times 0,02 = 9,12 \text{ ou 10 assiettes.}$$

Il reste à vendre

$$456 - 10 = 446 \text{ assiettes.}$$

Le déchet sur les 500 vases est 2 fois le 100ᵉ du nombre, c'est-à-dire

$$5 \times 2 = 10 \text{ vases.}$$

Il reste à vendre

$$500 - 10 = 490 \text{ vases.}$$

Le prix d'achat des assiettes était

$$2^f \times 38 = 76^f.$$

La somme à retirer de leur vente est

$$76^f + 10^f = 86^f.$$

Le prix de vente d'une assiette sera

$$86^f : 446.$$

Le prix de la vente de la douzaine d'assiettes sera

$$\frac{86^f \times 12}{446} = \frac{86 \times 6}{223} = \frac{516}{225} = 2^f,313.$$

Le prix d'achat des 500 vases a été

$$35^f \times 5 = 175^f.$$

La somme à retirer de la vente des 1490 vases sera

$$175^f + 15^f = 190^f.$$

Le prix de vente du vase sera

$$190^f : 490 = 0^f,387.$$

Réponse. — Le marchand vendra la douzaine d'assiettes $2^f,31$ ou plutôt $2^f,32$ et chaque vase 59 centimes.

OBSERVATION. — La multiplication et la division par un nombre d'un chiffre seulement n'ont pas besoin d'être faites à part. Il en est autrement, quand le multiplicateur et le diviseur ont plus d'un chiffre. Dans les devoirs ordinaires et surtout dans les compositions d'examen, il est indispensable d'écrire ces opérations sur la marge.

Par exemple, dans le problème précédent, on placera en marge la multiplication indiquée sur la 1re ligne : 12×38 et la division indiquée vers la fin : $516 : 223$.

Quant aux autres opérations, elles se font d'un coup d'œil, telles qu'elles sont écrites dans le corps du raisonnement. Il est donc inutile de les faire figurer en marge.

CHAPITRE I

PROBLÈMES DIVERS SUR L'APPLICATION DES QUATRE RÈGLES AUX NOMBRES ENTIERS ET DÉCIMAUX.

1. — Un cultivateur a acheté deux pièces de terre, l'une de 28 ares 25 centiares et l'autre de 34 ares 53 centiares. A cause de l'inégalité des étendues, il paie pour la seconde 456 fr. de plus que pour la première. Quel est le prix de chaque pièce ?
Brevet élémentaire Aspirantes. — Paris, 1876.
Réponse. — Prix de la 1re pièce 2118^f,75 ; de la 2e pièce 2574^f,75.

2. — Des marchandises ont été vendues 750 fr. En les vendant 50 fr. de plus, on aurait gagné 200 fr. Combien a-t-on gagné pour cent sur le prix d'achat ?
Brevet de sous-maîtresse. — Paris, 1880.
Réponse. — On a gagné 25 %.

3. — Un marchand a un tonneau de 2 hectolitres et un autre dont on n'indique pas la contenance. Il les remplit tous deux d'un vin qui lui coûte 60 centimes le litre et qu'il revend 75 centimes : il gagne ainsi 54 fr. Combien le deuxième tonneau contient-il de litres ?
Brevet de sous-maîtresse. — Paris, 1880.
Réponse. — Le 2e tonneau contient 160 litres.

4. — Le litre d'huile pèse 9 hectogrammes 6 grammes. Un marchand en achète un fût de 2 hectolitres et quart, au prix de 1^f,45 le kilogramme. Combien a-t-il à donner, si on lui fait une remise de 2 %, parce qu'il paie comptant ?
Certificat d'études primaires. — Marne, 1880.
Réponse. — Le marchand paiera 289^f,67.

5. — Un marchand achète 12 boîtes de plumes contenant chacune 12 douzaines pour la somme de 7^f,20. Combien doit-il donner de plumes pour 5 centimes, s'il veut gagner 3^f,60?

Certificat d'études primaires. — Côtes-du-Nord, 1880.

Réponse. — 8 plumes pour 5 centimes.

6. — Une mère de famille a acheté au prix de 1^f,35 le mètre, un coupon de toile de 42^m,40 pour faire des chemises. Il faut pour chaque chemise 2^m,65 de toile, 15 centimes de fil et boutons; la façon coûte 1^f,35. A combien revient la chemise?

Combien l'ouvrière a-t-elle gagné par jour, si elle a mis 7 jours pour faire 8 chemises?

Certificat d'études primaires. — Morbihan, 1879.

Réponse. — Prix de revient de la chemise 5^f,08.

Gain de l'ouvrière par jour 1^f,54.

7. — On veut mettre dans un appartement 3 paires de grands rideaux et 2 paires de petits. Il faut 2^m,80 d'étoffe pour un grand rideau et 2^m,50 pour un petit. L'étoffe des grands rideaux vaut 3^f,25 le mètre et celle des petits 1^f,45. La façon d'une paire des grands est de 3 fr.; celle d'une paire des petits 1 fr. A combien s'élève la dépense pour tous ces rideaux?

Brevet élémentaire. s Apirants.

Réponse. — Dépense totale 80^f,10.

8. — Un poids de 100 kilogrammes de cannes à sucre contient 18 kilog. de sucre; mais les procédés d'extraction ne permettent pas d'en retirer plus des 2 tiers. Combien faudra-t-il employer de kilogrammes de cannes pour produire un quintal métrique de sucre?

Brevet de sous-maîtresse. — Paris, 1877.

Réponse. — On devra employer 8 quintaux 33 kilogr.

9. — Un kilogramme de café vert donne 915 grammes de café torréfié. Si on achète le café torréfié à 3^f,75 le kilogramme, quel serait le prix correspondant du café vert?

Brevet élémentaire. Aspirantes. — Ariège, 1877.

Réponse. — Prix du kilogr. de café vert 3^f,43.

10. — Une lampe brûle par heure 65 grammes d'huile du prix de 1^f,15 le kilogramme; une autre lampe ne brûle que 50 grammes d'une huile du prix de 1^f,45 le kilogramme. Quelle est celle des deux lampes qui donne le plus d'économie? A combien s'élèvera

l'économie au bout de l'année, si chaque lampe est allumée en moyenne 4 heures par jour?

Certificat d'études primaires. — Saône-et-Loire, 1880.

Réponse. — La seconde lampe est la plus économique ; au bout de l'année, l'économie est de 3^f,28.

11. — Un poêle est allumé, du 1er novembre au 31 mars, 14 heures par jour. Le coke coûte 3^f,25 l'hectolitre et le poêle en brûle 1 litre $\frac{2}{5}$ par heure. Calculer d'après cela la dépense totale du chauffage, la dépense mensuelle, la dépense journalière.

Brevet de sous-maîtresse. — Paris, 1879.

Réponse. — Dépense totale 96^f,19. Dépense mensuelle 19^f,24. Dépense journalière 64 centimes.

12. — Un bateau à vapeur met 24 heures pour aller de Marseille à Ajaccio, avec une vitesse de 13887 mètres et demi par heure. Il dépense pour le voyage 384 fr. de houille, au prix de 4 fr. le quintal. On demande : 1° la distance de Marseille à Ajaccio ; 2° combien ce bateau par heure fait de lieues marines égales à 5555 mètres ; 3° combien de tonnes de houille il a fallu pour cette traversée.

Certificat d'études primaires. — Marseille, 1880.

Réponse. — De Marseille à Ajaccio 333 kilomètres.

Distance parcourue en 1 heure 2 lieues et demie.

Poids de houille employé 9 tonnes 6 quintaux.

13. — Deux ouvriers ont fait ensemble en 18 jours un ouvrage pour lequel ils ont reçu 189 fr. ; mais l'un d'eux pendant ce temps s'est absenté 5 jours. Quelle est la part que chacun doit recevoir?

Certificat d'études primaires. — Paris, 1880.

Réponse. — Part du 1er 109^f,74; part du 2e 79^f,26.

14. — Six ouvriers entreprennent un travail qu'ils doivent terminer en 15 jours. Au bout de 8 jours, ils s'aperçoivent qu'ils n'en ont fait que la moitié, et ils veulent alors prolonger au delà de 10 heures (durée de la journée de travail) leur journée de travail pendant le temps qui leur reste. Quelle sera la durée du travail par jour, pour finir l'ouvrage au temps convenu?

Brevet élémentaire. Aspirantes. — Paris, 1880.

Réponse. — Durée de la journée de travail 11 heures $\frac{5}{7}$.

15. — Un orage a détruit les 3 dixièmes de la récolte d'un agriculteur, qui avait ensemencé de blé 45 hectares de terrain. Combien l'agriculteur perd-il, si l'are produit habituellement 3 décalitres 4 litres de blé, et si le blé vaut 21^f,60 l'hectolitre ?

Certificat d'études primaires. — Pas-de-Calais, 1876.

Réponse. — L'agriculteur perd 9914^f,40.

16. — Un champ de 5 hectares 9 ares 7 centiares a produit 275 hectolitres 7 litres de blé, qui valent 24^f,75 l'hectolitre. Quel est le revenu net par hectare, si les frais d'exploitation sont de 385^f,75 et si l'intérêt du capital employé à l'achat de la propriété est de 456^f,25 ?

Certificat d'études primaires. — Tarn, 1880.

Réponse. — L'hectare produit net 1171^f,93.

17. — Deux champs ont ensemble une superficie de 2 hectares et l'un d'eux a 60 mètres carrés de plus que l'autre. Dites le prix de chacun, à raison de 20 fr. l'are.

Concours d'admission à l'École normale de la Seine. — Aspirants.

Réponse. — Prix du 1er 1994 fr.; prix du 2e 2006 fr.

18. — Un limonadier achète deux fûts de liqueur, l'un de 2 hectolitres 12 litres et l'autre de 2 hectolitres 4 litres. Cette liqueur lui revient à 164 fr. l'hectolitre. Bien qu'il en ait perdu 24 litres, il dit qu'il a encore eu 304 fr. de bénéfice brut en le revendant. Combien a-t-il vendu le litre de liqueur ?

Certificat d'études primaires. — Vendée, 1880.

Réponse. — Le litre a été vendu 2^f,52.

19. — Un charretier qui fait 5 voyages par jour, et dont la voiture contient 2 mètres cubes 85 centièmes, a transporté 1539 mètres cubes de houille à une distance de 3 kilomètres 4 hectomètres. Il reçoit 20 centimes pour transporter 1 mètre cube à 1 kilomètre. Quelle somme a-t-il gagnée et quel temps a-t-il employé ?

Certificat d'études primaires. — Lozère, 1880.

Réponse. — Somme gagnée 1046^f,52. Temps employé 180 jours.

20. — Une pierre renferme les 0,87 de son poids de calcaire pur, et lorsqu'on la calcine, le calcaire perd les $\frac{11}{25}$ de son poids. On calcine 1800 kilogrammes de cette pierre; combien pèsera le résidu de la calcination ?

Brevet élémentaire. Aspirantes. — Paris, 1878.

Réponse. — 1110^{kgr},96 ou plutôt 1111 kilogr.

21. — Un marchand achète une étoffe à $0^f,85$ le mètre. Il veut, en la revendant, gagner 19 pour 100 ; combien doit-il revendre le mètre ? Combien un acheteur paiera-t-il pour $9^m,09$?

Brevet élémentaire. Aspirantes. — Blois, 1859.

Réponse. — Prix de vente du mètre $1^f,01$.

Pour $9^m,09$ on paiera $9^f,19$.

22. — Un épicier achète en gros du café vert à 425 fr. le quintal. Il évalue à $\frac{1}{5}$ la perte de poids produite par la torréfaction, et il vend ce café brûlé à raison de 3 fr. le demi-kilogramme. Combien gagne-t-il pour cent sur le prix d'achat ?

Brevet élémentaire. Aspirants. — Paris, 1881.

Réponse. — Gain de 12,941 pour cent.

23. — On achète trois pièces d'étoffe de la même qualité; la 1re a 12 mètres de plus que la 2e et la 2e a $47^m,75$ de plus que la 3e. La 1re coûte 367 fr. et la 3e coûte $270^f,50$. Quelle est la longueur de chaque pièce ?

Brevet élémentaire. Aspirantes. — Montpellier.

Réponse. — La 1re pièce a $227^m,24$; la 2e pièce $215^m,24$; la 3e pièce $167^m,45$.

24. — Le savon frais se vend 95 centimes le kilogramme. En séchant, il perd les $0,12$ de son poids. Combien vaut le kilogramme de savon sec ?

Certificat d'études primaires. — Ardennes, 1878.

Réponse. — Le kilogramme de savon sec vaut $1^f,08$.

25. — Dans un champ de 1 hectare 40 ares, on a récolté 550 bottes de paille de 10 kilogr. et 35 mesures de blé de 75 kilogr. Combien l'hectare a-t-il rendu de kilogr. de paille et de kilogr. de grain ? Combien valent toute la paille et tout le grain récolté, les prix étant de $4^f,25$ par 100 kilogr. de paille et de 32 fr. par sac de 120 kilogr. de blé ?

Certificat d'études primaires. — Aisne, 1878.

Réponse. — Récolte en paille $233^f,75$; en blé 700 fr.

26. — Un champ de 5 hectares 32 ares a été ensemencé en seigle et a rapporté 17 hectolitres de grain par hectare. L'hectolitre de seigle pèse 72 kilogr. et le poids de la paille récoltée égale 2 fois

et demie celui du grain. On demande combien on a récolté
d'hectolitres de seigle et de quintaux de paille sur ce champ.

Certificat d'études primaires. — Ardennes, 1878.

Réponse. — Récolte de seigle 90 hectolitres 44 litres.
Poids de paille 162 quintaux 79 kilogrammes.

27. — Un marchand achète 10 pièces de vin de 212 litres chacune, pour la somme de 1420f,40. Chaque pièce contenant 5 litres
et demi de lie, à combien revient le litre de vin? Combien gagne-
t-il sur le tout, en revendant ce vin 80 francs l'hectolitre?

Certificat d'études primaires. — Ardennes, 1878.

Réponse. — Bénéfice total 231f,69. Prix du litre 69 centimes.

28. — On a acheté au moment de la récolte 215 hectolitres de
blé, à raison de 22f,05 l'hectolitre, le poids de l'hectolitre étant
alors de 80 kilogr. Plus tard on les a revendus avec un bénéfice
de 9,25 %. Le blé, depuis l'achat jusqu'au moment de la vente,
s'étant desséché et ayant perdu 4 kilogr. de son poids par hectolitre, on demande : 1° à quel prix on a dû vendre le quintal métrique ! 2° quel a été le bénéfice total ?

Brevet élémentaire. Aspirants. — Poitiers, 1878.

Réponse. — Prix de vente du quintal 31f,79.
Bénéfice total 438f,52.

29. — Un ouvrier a l'habitude de dépenser chaque jour 18 centimes de tabac et 15 centimes pour un petit verre d'eau-de-vie.
S'il y renonçait, quelle quantité de vin pourrait-il acheter avec
cette économie, le prix du vin étant de 4f,20 le double-décalitre?

Certificat d'études primaires. — Seine-Inférieure, 1878.

Réponse. — 5 hectolitres 73 litres de vin.

30. — Les rails de chemin de fer pèsent 38 kilogrammes par
mètre courant et la longueur de chaque rail est de 5 mètres. La
tonne de fer pour rails se paie 375 fr. On demande le poids total
et le prix des rails nécessaires pour établir un chemin à double
voie, sur une longueur de 4 myriamètres.

Brevet élémentaire. Aspirantes. — Paris, 1878.

Réponse. — Poids total 6080 tonnes. Prix d'achat 2 280 000 fr.

31. — Un ouvrier peut transporter en brouette et par jour
800 kilogrammes de terre à 1 kilomètre; le prix de la journée est
de 3f,50. On demande combien coûtera le transport de 78 mètres

cubes à une distance de 185 mètres, si le mètre cube de terre pèse 2700 kilogrammes.

Brevet élémentaire. Aspirantes. — Paris, 1878.

Réponse. — On paiera 170^f,45.

32. — Une ménagère a acheté 144 mètres de toile à 21^f,50 les 10 mètres, pour faire des chemises. Elle met 3 mètres par chemise et paie 1^f,75 pour la façon d'une chemise. Trouver : 1° combien elle a pu faire de douzaines de chemises ; 2° combien lui coûtent toutes les chemises ; 3° le prix de revient de chacune.

Concours d'admission au Cours normal. — Foix, 1879.

Réponse. — 4 douzaines. Prix total 393^f,60.
             Prix de la chemise 8^f,20.

33. — Un marchand de grains a vendu pour 9000^f,50 du blé qu'il avait acheté 8045 fr. Trouver combien il avait d'hectolitres, en sachant qu'il a gagné 3^f,25 par 100 kilogrammes et que l'hectolitre de ce blé pesait 75 kilogrammes.

Brevet élémentaire. Aspirantes. — Paris, 1880.

Réponse. — 592 hectolitres.

34. — La production journalière du pétrole aux États-Unis a été en 1878 de 50300 barils. Le baril est de 42 gallons et le gallon vaut 3 litres 80 centilitres. On demande d'évaluer pour l'année cette production en tonnes de 1000 kilogrammes. Le litre de pétrole pèse en moyenne 800 grammes.

Brevet élémentaire. Aspirantes. — Paris, 1881.

Réponse. — 2544141 tonnes.

35. — Les ventes d'immeubles paient un droit de 5 $\frac{1}{2}$ %, plus 2 décimes pour chaque franc perçu. Quelle somme paiera-t-on à l'Enregistrement pour la vente d'une maison de 14700 francs et de 3 hectares 6 ares de vignes vendus 47^f,50 l'are ?

Certificat d'études primaires. — Gard, 1879.

Réponse. — On devra payer 1929^f,51..

36. — On a vendu pour 875^f,40 de charbon, à raison de 8^f,50 les 100 kilogrammes. Combien avait-il fallu employer de stères de bois pour faire ce charbon, si un stère avait rendu 384 décimètres cubes de charbon et si le poids du mètre cube était de 240 kilogrammes ?

Certificat d'études primaires. — Morbihan, 1876.

Réponse. — Nombre de stères de bois 111st,76.

37. — Pour réparer un chemin, une commune emploie 6 hommes, qui travaillent chacun 8 heures et demie par jour et font ensemble en moyenne 15 mètres par heure. Combien de jours ces ouvriers devront-ils travailler, si la longueur du chemin est de 2 kilom. 760 mètres ? A combien reviendra l'ouvrage entier, si chaque ouvrier reçoit 45 centimes par heure ?

Certificat d'études primaires. — Hérault, 1880.

Réponse. — 3 jours 6 dixièmes. Dépense 82^f,78.

38. — Le mois lunaire est de 29^j,53. Exprimer la fraction décimale en heures, minutes et secondes.

Brevet élémentaire. Aspirantes. — Paris, 1881.

Réponse. — 29^j 12^h 43^m 12^s.

39. — On achète $\frac{3}{8}$ de mètre cube de vin pour 142^f,50. Les futailles vides pèsent ensemble 45 kilogr.; ce vin a le même poids que l'eau, et on le fait venir d'une distance de 625 kilomètres. On paie pour le transport 8 centimes par tonne et par kilomètre; les droits d'octroi et de régie s'élèvent à 24 fr. par hectolitre; on débourse en outre 9 fr. pour divers frais. A combien revient le litre ?

Certificat d'études primaires. — Paris, 1879.

Réponse. — Prix de revient du litre 70 centimes.

40. — Un homme achète 68 volumes, qu'on lui vend 3^f,25 chacun et il les revend 3^f,75 pièce. Combien a-t-il gagné, si avec chaque douzaine de volumes on lui en a donné un qu'il n'a pas payé ?

Certificat d'études primaires. — Meurthe-et-Moselle, 1880.

Réponse. — Bénéfice 52^f,75.

41. — On achète une pièce d'étoffe à raison de 7 fr. les 5 mètres et on la revend à raison de 25 fr. les 14 mètres. Le bénéfice dans la vente étant de 27 fr., trouver la longueur de la pièce.

Certificat d'études primaires. — Paris, 1880.

Réponse. — Longueur de la pièce 70 mètres.

42. — Un champ de 2 hectares 50 ares, ensemencé en blé, a donné 3407 litres et demi de grain et 4425 kilogrammes de paille. Le prix moyen du grain est de 4^f,124 le double-décalitre et la paille se vend 2^f,80 le quintal. Quel est le produit brut d'un hectare de ce champ ?

Certificat d'études primaires. — Morbihan, 1880.

Réponse. — Produit de l'hectare 530^f,61.

43. — Un fût de vin blanc de 114 litres coûte 58 fr. Les droits d'octroi et les frais de transport s'élèvent à 25ᶠ,40 ; la mise en bouteille revient à 3 fr.; les bouteilles, qui contiennent 75 centilitres, coûtent 13 fr. le cent et les bouchons 15 fr. le mille. Trouver d'après cela à combien revient une bouteille de ce vin.

Certificat d'études primaires. — Sceaux, 1880.

Réponse. — Prix de la bouteille 71 centimes.

44. — J'ai fait remplir de vin un tonneau de 7 décalitres 5 litres. L'hectolitre de ce vin coûte 45 fr.; mais en payant comptant, j'obtiens une remise de 3 % ; combien dois-je débourser ?

En outre, comme il se trouve à la fin 2 litres et demi de lie, à combien me revient en réalité le litre de ce vin ?

Certificat d'études primaires. — Gard, 1879:

Réponse. —La somme déboursée est de 32ᶠ,74.

Le prix réel du litre est de 45 centimes.

45. — Un négociant achète 30 barils d'huile contenant chacun 122 litres, à raison de 325 fr. les 100 kilogrammes. Combien gagnera-t-il sur son achat, en revendant cette huile 4ᶠ,20 le kilogramme, s'il y a 6 litres de perte sur chaque baril, l'hectolitre d'huile pesant 91 kilogr. 5 hectogr.

Brevet élémentaire. Aspirantes. — Paris, 1876.

Réponse. — Bénéfice 2489ᶠ,72.

46. — Un voyageur fait 5 hectomètres de chemin en 4 minutes et un second voyageur en fait 6 en 5 minutes. Quel est celui qui va le plus vite, et combien fait-il de chemin de plus que l'autre dans une journée de 8 heures de marche ?

Certificat d'études primaires. — Charente, 1877.

Réponse. — Le 1ᵉʳ va plus vite. Au bout de la journée, il a parcouru de plus que le second 2 kilom. 4 hectomètres

47. — Un cultivateur a 5 hectares 48 ares de terre plantés en pommiers, à raison de 75 pommiers par hectare. Chaque arbre donne 18 décalitres de pommes et chaque hectolitre de pommes 45 litres de cidre. Il réserve 24 hectolitres de cidre pour sa consommation et vend le reste 6ᶠ,30 l'hectolitre. Quelle somme reçoit-il ?

Certificat d'études primaires. — Doubs, 1877.

Réponse. — Il retire de la vente 1813ᶠ,83.

48. — L'hectolitre de pommes de terre pèse environ 80 kilogrammes et vaut 5^f,20. Un champ ensemencé en pommes de terre a produit 83 quintaux métriques par hectare, et la récolte totale s'est vendue 845 fr. Calculer, à 1 mètre carré près, la superficie de ce champ.

Brevet élémentaire. Aspirantes. — Paris, 1880.

Réponse. — Surface du terrain 15662 mètres carrés.

49. — Un hectare de terrain a produit 95 doubles-décalitres de froment et 32 quintaux de paille. Le froment se vend 27 fr. l'hectolitre, la paille 25 fr. les 1000 kilogr. Les frais de culture se sont élevés à 194^f,50. Quel est le bénéfice du cultivateur?

Brevet élémentaire. Aspirants. — Aix, 1871.

Réponse. — Bénéfice 398^f,50.

50. — Dans un ménage, le mari gagne 2800 fr. et la femme 1200 fr. On paie 550 fr. de loyer par an; on dépense en moyenne 5^f,90 par jour pour la nourriture; le blanchissage revient à 11^f,75 par mois; le chauffage à 146 fr. par an; enfin une somme de 850 fr. est affectée à la toilette et à l'entretien du linge. Ce ménage voulant économiser 600 fr. par an, on demande ce qui restera par mois pour les menues dépenses.

Brevet élémentaire. Aspirantes. — Oise, 1878.

Réponse. — Reste à dépenser par mois 24^f,12.

51. — L'hectolitre de blé, pesant en moyenne 74 kilogrammes et demi, s'est vendu 21^f,50. Calculer le prix du quintal métrique de farine, en sachant que 100 kilogr. de blé donnent 74 kilogr 25 décagrammes de farine.

Certificat d'études du degré supérieur. — Meurthe-et-Moselle, 1880.

Réponse. — Le quintal de farine coûte 38^f,86.

52. — Un cultivateur a vendu 500 fr. sa récolte de paille d'avoine, à raison de 28 fr. les 1000 kilogr. On demande combien il a récolté d'hectolitres d'avoine, en sachant qu'il y avait un double-décalitre d'avoine pour 9^{kg},4 de paille.

Certificat d'études primaires. — Allier, 1880.

Réponse. — Récolte d'avoine 379 hectol. 94 litres.

53. — La canne à sucre donne 0,9 de son poids de jus et 1 kilogramme de jus contient 17 décagrammes de sucre. On perd environ la moitié de ce sucre dans la fabrication. Combien faudra-

t–il de kilogrammes de cannes pour produire 1745 kilogrammes de sucre ?

Brevet de sous-maîtresse. — Paris, 1876.

Réponse. — Poids de cannes à employer 22810 kilogr.

54. — Un épicier a acheté un baril d'huile pesant brut 152 kilogr. 406 grammes. Le baril vide pèse 18 kilogr. 450 grammes ; le prix d'achat et les frais lui reviennent à 234^f,45. Le litre de cette huile pesant 915 grammes, on demande le prix de revient du litre, et celui du kilogramme.

Certificat d'études primaires. — Doubs, 1877.

Réponse. — Prix du litre 1^f,60. Prix du kilogr. 1^f,75.

55. — Un ballot contenait 120 mètres de drap. On en a vendu pour 1370 fr. Trouver combien il en reste de mètres, en sachant que 60 centimètres de ce drap ont été vendus 8^f,22.

Brevet de directrice de salle d'asile. — Paris, 1878.

Réponse. — Il reste 20 mètres.

56. — Une ouvrière a confectionné 3 douzaines de chemises, pour lesquelles elle a fourni la toile. Il a fallu 5 mètres de toile pour 2 chemises, et le mètre a coûté 3^f,20. Cet ouvrage a pris 45 journées de travail et a été payé 361^f,50. Combien cette ouvrière a–t–elle gagné par jour, si elle a en outre dépensé 6 francs de fournitures ?

Brevet élémentaire. Aspirantes. — Paris, 1876.

Réponse. — Gain par jour 1^f,50.

57. — Une chemisière a acheté pour une certaine somme une quantité considérable de madapolam. D'après ses prévisions, elle doit gagner 2740 fr., en revendant son étoffe 1^f,30 le mètre ; mais si elle ne la vend que 1^f,10, elle gagnera seulement 1370 fr. Combien a–t–elle acheté de mètres de madapolam et combien a–t–elle payé le mètre ?

Certificat d'études primaires. — Charente, 1877.

Réponse. — Nombre de mètres achetés 6850.
Prix d'achat du mètre 90 centimes.

58. — Une commune veut amener l'eau d'une source située à une distance de 4 kilom. 400 mètres. Calculer la dépense en sachant : 1° que la longueur des tuyaux est de 2^m,50 ; 2° que chacun de ces tuyaux pèse 175 kilogr. ; 3° qu'ils sont vendus au prix

de 280 fr. la tonne; 4° que le prix de la pose est de 6ᶠ,50 par mètre de longueur.

Certificat d'études primaires. — Marseille, 1880.

Réponse. — Dépense totale 114840 fr.

59. — Un hectolitre d'huile pèse 91 kilogrammes et demi et coûte 118ᶠ,50 pris sur place. Le transport jusqu'à Paris revient à 65ᶠ,75 les 1000 kilogr. Combien devra-t-on revendre le demi-kilogramme de cette huile pour gagner 18 % sur la somme déboursée ?

Brevet élémentaire. Aspirantes. — Rennes, 1878.

Réponse. — Prix de vente du demi-kilogr. 80 centimes.

60. — Deux pièces d'étoffe ont la même longueur. 5 mètres de l'une valent autant que 2 mètres de l'autre, et le prix de ces 5 mètres (savoir 3ᵐ de la 1ʳᵉ et 2ᵐ de la 2ᵉ) est de 27 fr. La différence des prix des deux pièces est de 101ᶠ,25. Trouver la longueur commune des deux pièces.

Brevet élémentaire. Aspirants. — Novembre, 1881.

Réponse. — 45 mètres à chaque pièce.

61. — Un libraire a acheté 78 volumes cotés 1ᶠ,25, avec une remise de 15 % et 13 exemplaires pour 12. Il les revend au prix marqué. Calculer ce qu'il a payé pour l'achat et ce qu'il gagne pour cent dans la vente.

Brevet élémentaire. Aspirants. — Pas-de-Calais, 1877.

Réponse. — Prix d'achat 76ᶠ,50. Gain 27,45 %.

62. — On a mêlé ensemble 17 litres de vin de bonne qualité avec 29 litres 8 décilitres d'un second vin ne valant que 95 fr. l'hectolitre. En revendant le mélange au prix de 1ᶠ,50 le litre, on réalise un bénéfice de 18ᶠ,09. Trouver le prix de l'hectolitre du premier vin.

Certificat d'études primaires. — Boulogne-sur-Mer, 1880.

Réponse. — Prix de l'hectolitre du 1ᵉʳ vin 140 fr.

63. — Une marchande a fait confectionner 5 douzaines et demie de chemises avec de la toile valant 2ᶠ,60 le mètre. Il faut 8ᵐ,40 pour 3 chemises et on donne à l'ouvrière 15 fr. de façon par douzaine. Combien la marchande doit-elle vendre la demi-douzaine pour gagner 25ᶠ,70 sur le tout ?

Brevet de sous-maîtresse. — Paris, 1880.

Réponse. — Prix de vente de la demi-douzaine 54ᶠ,85.

64. — Un particulier, qui fait venir du vin à Paris, le paie sur les lieux à raison de 110 fr. la feuillette de 134 litres. Outre le prix d'achat, il débourse : 1° pour le transport de 4 feuillettes et leur mise en cave 14 fr.; 2° pour les droits d'entrée 23ᶠ,90 par hectolitre. Enfin il constate sur les 4 feuillettes un manque total de 15 litres. On demande de calculer, à un demi-centime près, le prix de revient de l'hectolitre de ce vin.

Brevet élémentaire. Aspirantes. — Mars 1881.

Réponse. — Prix de revient de l'hectolitre 111ᶠ,73.

65. — Un négociant fait venir 22 barriques de vin jaugeant ensemble 52 hectolitres 60 litres, qui lui reviennent à 90 centimes le litre. Il y mêle 25 litres d'eau par hectolitre. Combien devrait-il revendre au détail la bouteille de 75 centilitres du mélange, pour gagner 50 °/₀ sur le prix de revient ?

Admission à l'École normale des garçons. — Toulouse, 1879.

Réponse. — On doit vendre la bouteille 81 centimes.

66. — L'eau de mer contient 2 et demi °/₀ de son poids de sel. Combien faudra-t-il prendre de litres d'eau de mer pour obtenir 1 kilogramme de sel, si le litre d'eau de mer pèse 1026 grammes ?

Brevet de sous-maîtresse. — Paris, 1877.

Réponse. — On prendra 39 litres d'eau de mer.

67. — Un confiseur a employé pour faire des confitures : 49 kilogr. et demi de groseilles qu'il a payées 45 centimes le kilogr.; 43ᴷᵍ,5 de sucre à 1ᶠ,50 le kilogr. Il compte 2 fr. pour la dépense du feu. Il a obtenu 59ᴷᵍ,250 de confitures. A combien revient le kilogramme et combien doit-il vendre le pot contenant 250 grammes de confiture, pour gagner 25 centimes sur chacun ? Les pots lui coûtent 11ᶠ,50 le cent.

Concours scolaire à Paris. — 1876.

Réponse. — Prix de revient du kilogr. 1ᶠ,51.
Prix du pot de confitures 74 centimes.

68. — Une marchande a acheté 35 pièces de drap de 60 mètres chacune, à raison de 1065 fr. la pièce. Elle a vendu le tout avec un bénéfice de 8,75 °/₀. On demande le prix d'achat du mètre, le prix de vente et le bénéfice de la marchande pour chaque mètre.

Brevet élémentaire. Aspirantes. — Paris, 1878.

Réponse. — Prix d'achat du mètre 17ᶠ,75. Prix de vente 19ᶠ,30.
Bénéfice par mètre 1ᶠ,55.

69. — Un marchand a acheté 4 pièces de vin de même contenance pour 630 fr. Il en a vendu un baril de 55 litres pour 36ʳ,30. Trouver combien chaque pièce contient de litres, en sachant que dans la vente le marchand gagne 3 fr. par hectolitre.

Certificat d'études primaires. — Paris, 1879.

Réponse. — Chaque pièce contient 250 litres.

70. — Pour transporter de la houille d'un lieu dans un autre, on emploie 26 ouvriers, qui se servent de brouettes contenant 48 kilogr. de houille. Après que chacun a fait 9 voyages, il reste encore le quart de la houille à transporter. Combien y avait-il d'hectolitres de houille, si l'hectolitre pèse 78 kilogr.?

Certificat d'études primaires. — Guéret, 1880.

Réponse. — Il y avait 192 hectolitres de houille.

71. — On a payé 2800 fr. pour 138 mètres de drap. Combien pour la même somme aurait-on de mètres de drap d'une qualité supérieure, si 3 mètres de ce drap coûtent autant que 5 mètres du drap de l'autre qualité?

Brevet de sous-maîtresse. — Paris, 1881.

Réponse. — On aura de la 1ʳᵉ qualité 82ᵐ,8.

72. — On a acheté 275 mètres de drap à 14ʳ,40 le mètre. On en a revendu les $\frac{3}{5}$ avec un bénéfice de 15 % et le reste à 13ʳ,75 le mètre. Quel bénéfice a-t-on fait?

Certificat d'études primaires. — Paris, 1880.

Réponse. — Bénéfice de 284ʳ,90.

73. — Un marchand achète 525ᵐ,20 d'étoffe au prix de 10ʳ,50 le mètre. Il en revend les $\frac{3}{5}$ à raison de 12ʳ,10 le mètre. Combien doit-il revendre le mètre de ce qui lui reste, pour gagner 1155ʳ,45 sur le tout?

Certificat d'études primaires. — Paris, 1880.

Réponse. — Prix de vente du mètre 13ʳ,60.

74. — Quatre faucheurs se sont associés pour la moisson. Ils ont coupé 21 hectares 9 ares de blé en 23 jours, à raison de 14ʳ,50 l'hectare. Pendant ce temps-là, ils ont eu à payer trois ramasseuses à 1ʳ,25 par jour chacune. Que revient-il à chacun, le 1ᵉʳ ayant perdu 3 jours et le second 1 jour?

Certificat d'études primaires. — Dordogne, 1875

Réponse. — Part du 1er 49f,90. Part du 2e 54f,89.
Parts du 3e et du 4e 57f,38.

75. — Un commerçant a acheté une pièce de vin de 912 litres à raison de 45 fr. l'hectolitre. Il vend 4 hectolitres de ce vin au prix de 12 fr. le double-décalitre. Combien devra-t-il vendre le litre de ce qui lui reste, pour gagner 50 fr. sur le tout ?

Certificat d'études primaires. — Puy-de-Dôme, 1880.

Réponse. — Prix de vente du litre 43 centimes.

76. — On offre à un cultivateur d'acheter son blé à 23f,75 l'hec-tolitre. Il préfère le vendre à raison de 32 fr. les 100 kilogr., parce qu'il gagne ainsi 12f,50. L'hectolitre de ce blé pesant 75 kilogr., on demande le nombre de doubles-décalitres vendus par le culti-vateur, et quel aurait dû être le prix du double-décalitre pour que la vente au poids n'eût donné aucun bénéfice.

Brevet élémentaire. Aspirants. — Paris, 1880.

Réponse. — On a vendu 250 doubles-décalitres. Le prix du double-décalitre vendu sans bénéfice aurait dû être de 4f,75.

77. — Cinq ouvriers travaillant ensemble ont terminé un ouvrage en 20 jours et ont reçu pour cet ouvrage 521f,50. L'un des ouvriers a manqué 5 jours et un autre 2 jours. Celui qui dirigeait le travail doit prélever 50 centimes par jour avant le partage. Trouver ce que chacun doit recevoir.

Concours cantonal. — Aisne, 1881.

Réponse. — Le 1er aura 120 fr. ; le 2e 110 fr. ; le 3e 110 fr. ; le 4e 82f,50 ; le 5e 99 fr.

78. — Un débiteur paie ses trois créanciers en deux fois. La 1re fois il donne 38 % de ce qu'il doit et remet ainsi 3240 fr. au 1er, 948 fr. au 2e et 6748 fr. au 3e. On demande combien il devait à chacun.

Brevet élémentaire. Aspirants. — Nancy, 1871.

Réponse. — Il était dû : au premier créancier 8526f,32 ; au second 2494f,74 ; au troisième 17757f,89.

79. — Un bec de gaz consomme 270 hectolitres de gaz en 86 heures, ce qui fait une dépense de 8f,15. On demande : 1° combien ce bec brûle de gaz en 5 heures et demie ; 2° ce que coûte l'éclai-rage par heure ; 3° quel est le prix du mètre cube de gaz.

Brevet élémentaire. — Oise, 1878.

Réponse. — 1° Gaz brûlé 1726 litres ; 2° dépense par heure 9 centimes et demi ; 3° prix du mètre cube 30 centimes.

80. — L'hectolitre de froment pèse 75 kilogrammes et coûte 21^f,25. Quand on le réduit en farine, il perd $\frac{1}{5}$ de son poids. D'après cela, combien faudrait-il d'hectolitres de froment pour donner 100 kilogr. de farine, et combien coûterait la quantité de blé nécessaire pour avoir cette farine ?

Certificat d'études primaires. — Morbihan, 1881.

Réponse. —.1 hectol. 66 litres. Prix, 35^f,41.

81. — Dans un champ de 2 hectares 8 ares, un cultivateur a planté des pommes de terre et en a récolté 1 hectolitre et demi par are. Il doit en conserver 2 tiers pour sa consommation, et il vend le reste pour 187^f,33. Combien vend-il le quintal, si l'hectolitre pèse 52 kilogr. 75 décagrammes ?

Certificat d'études primaires. — Haute-Marne, 1880.

Réponse. — Prix de vente du quintal 5^f,50.

82. — Un négociant, qui a acheté une pièce de soie contenant 27^m,40 à raison de 7^f,70 le mètre, veut en la revendant gagner 18 %. Or comme il a déjà cédé à un confrère les $\frac{2}{5}$ de la pièce avec un bénéfice de $\frac{1}{8}$, combien devra-t-il vendre le mètre de ce qui lui reste pour avoir le bénéfice désiré ?

Brevet élémentaire. Aspirants. — Poitiers, 1871.

Réponse.. — Prix de vente du mètre 9^f,37.

83. — Un cultivateur a acheté, à raison de 0^f,45 le mètre carré, une pièce de terre d'une surface de 5 hectares 28 ares 20 centiares. Il a ensemencé cette pièce en colza, et les frais de cette culture se sont élevés à 70 fr. les 42 ares. La récolte en colza a produit 110 hectolitres 4 décalitres que l'on a vendus 25 centimes le litre. On demande ce que cette propriété rapporte pour 100, déduction faite des frais de culture.

Certificat d'études primaires. — Seine-et-Marne, 1881.

Réponse. — Revenu pour cent 7^f,90.

84. — On a payé 7210 fr. un terrain de 1 hectare 3 ares. On a déjà revendu deux portions à raison de 1^f,20 le mètre carré, la 1re de 475 mètres carrés et la 2e de 2 ares 8 mètres carrés. On vend le reste du terrain à raison de 80 fr. l'are. Combien a-t-on gagné ou perdu pour cent sur le prix d'achat?

Brevet élémentaire. Aspirants.— Paris, 1879.

Réponse. — Bénéfice pour cent 18^f,07.

85. — L'are de terrain mis en culture produit en moyenne 17 litres de blé. On demande : 1° combien de blé produit un champ de 4 hectares 8 ares ; 2° à quel prix a été acheté le mètre carré de ce champ, en sachant que le propriétaire vend tout le terrain pour la somme de 28400 fr. et qu'il veut gagner 6 et demi %₀ sur le prix d'achat.

Brevet élémentaire. Aspirantes. — Juillet 1880.

Réponse. — Production en blé 69 hectol. 36 litres.
Prix d'achat du mètre carré 65 centimes,

86. — Un négociant a acheté : 1° 369 hectolitres de vin à 13^f,75 l'hectolitre ; 2° 158 hectolitres 84 litres qui lui ont coûté 15 % plus cher que dans le 1er achat. Il a revendu le tout au prix de 18^f,33 l'hectolitre. On demande combien il a gagné pour 100 dans cette affaire.

Brevet élémentaire. Aspirantes. — Montpellier.

Réponse. — Bénéfice de 27,55 %₀.

87. — On admet qu'une surface de 7 ares de terrain produit 12 décalitres de pommes de terre; que l'hectolitre de pommes de terre pèse 65 kilogr.; que la pomme de terre donne les $\frac{4}{25}$ de son poids en fécule, et que la fécule se vend 45 fr. les 100 kilogr. Trouver quel sera le prix de la fécule des pommes de terre récoltées dans un champ rectangulaire ayant 208 mètres de longueur sur 75 mètres de largeur.

Brevet élémentaire. Aspirants. — Orne, 1876. — Melun, 1879.

Réponse. — Produit de la fécule 125^f,16.

88. — On a ensemencé un hectare de terrain avec 220 litres de blé et le rendement a été de 350 gerbes donnant 7 hectol. 5 litres de blé Trouver quel est le produit de 1 litre de semence et combien il faudrait d'hectares de terrain pour récolter 200 hectolitres de blé.

Certificat d'études primaires. — Bouches-du-Rhône, 1880.

Réponse. — Un litre de semence a produit 11^l,21 de blé.
Pour récolter 200 hectolitres de blé, il faudrait 8 hectares 10 ares 54 centiares.

2.

89. — Une terre de 2 hectares 8 ares a été louée au prix de 25 fr. les 42 ares. Le fermier cultive du colza dans cette terre et dépense en engrais, semence et frais de culture, 247^f,60 par hectare. Il récolte en tout 49 hectolitres de graine qu'il vend à raison de 22^f,75 l'hectolitre. Calculer le bénéfice total et le bénéfice par hectare.

Certificat d'études primaires. — Aveyron, 1880.

Réponse. — Bénéfice total 475^f,95. Bénéfice par hectare 228^f,82.

90. — Une personne a acheté 20 kilogrammes de groseilles pour faire des confitures. On demande combien elle devra employer de sucre et combien elle obtiendra de kilogrammes de confitures, en sachant : 1^b qu'il faut 850 grammes de sucre par litre de jus ; 2° que 7 kilogr. de groseilles rendent 5 kilogr. de jus ; 3° qu'un litre de jus pèse 970 grammes et perd la 8e partie de son poids par la cuisson.

Brevet élémentaire. Aspirantes. — Poitiers, 1878.

Réponse. — Poids de sucre 12^{Kg},518.
Poids de confiture obtenu 25^{Kg},018.

91. — Le foin vaut 114 francs les 100 bottes pesant chacune 6 kilogrammes, et l'avoine 31^f,50 le sac de 3 hectolitres Un cheval consomme par jour 10 kilogrammes de foin et 16 litres d'avoine. Quelle dépense occasionnera la nourriture de 5 chevaux, du 1er décembre au 31 mars inclusivement de l'année 1880 ?

Nota. — Cette année est bissextile.

Certificat d'études primaires. — Aisne, 1880.

Réponse. — La dépense sera de 2183^f,79.

92. — Un ouvrier gagnant 3^f,80 par jour travaille 6 jours par semaine ; mais après 26 semaines de travail, il n'a reçu en tout qu'une somme qui en argent pèse 2 kilogrammes 793 grammes. Combien y a-t-il eu de jours de chômage et à combien s'élèvent les économies de l'ouvrier, s'il a dépensé en moyenne 2^f,75 par jour ?

Certificat d'études primaires. — Nord, 1880.

Réponse. — Jours de chômage 9. Économies réalisées 58^f,10.

93. — La betterave donne environ 6 % de son poids de sucre. Un hectare de terrain produit 30 000 kilogrammes de betteraves, du prix de 14 fr. les 1000 kilogrammes. Combien faudra-t-il ensemencer d'hectares pour fournir des betteraves à une sucrerie, qui produit annuellement 75 000 kilogrammes de sucre, et quelle sera la valeur de la récolte obtenue ?

Concours cantonaux. — Seine-et-Oise, 1880.

Réponse. — Surface ensemencée 41 hect. 66 ares 67 centiares. Prix de la récolte 17 500 fr.

94. — Un homme achète une pièce de terre de 5 hectares 4 ares pour 15 840ᶠ,45. Il la revend en trois lots égaux : le 1ᵉʳ à raison de 1 500 fr. le demi-hectare et le 2ᵉ à raison de 35 centimes le mètre carré. Combien doit-il revendre l'hectare du 3ᵉ lot, s'il veut que cette opération lui rapporte un bénéfice de 1 960 francs ?

Concours cantonaux. — Eure-et-Loir, 1880.

Réponse. — Prix de vente de l'hectare 4 095ᶠ,50.

95. — Dans un champ de 78 ares 25 centiares on a récolté 722 gerbes de blé, qui ont donné chacune 1 litre 9 décilitres de blé et 32 hectogrammes de paille. Le grain vaut 42 fr. les 150 kilogr. et pèse 76 kilogr. l'hectolitre ; la paille est estimée à 9 fr. le double quintal. Quelle est la valeur de la récolte et combien serait celle de l'hectare ?

Certificat d'études primaires. — Somme, 1880.

Réponse. — Produit total 395ᶠ,89 ; par hectare 505ᶠ,92.

96. — Un épicier achète 40 kilogrammes d'allumettes par paquets de 250 grammes, à raison de 45 centimes le paquet. Il paie en sus un impôt de 1 centime et demi par 50 allumettes. Quel doit être le prix de vente du paquet, si le marchand veut gagner 24 fr. sur le total de son achat ? Il y a 3 200 allumettes par kilogramme.

Concours cantonaux. — Seine-et-Oise, 1880.

Réponse. — Prix de vente du paquet 84 centimes.

97. — Une ménagère qui se sert tous les soirs pendant 2 heures d'une lampe à huile et d'une lampe à pétrole, a dépensé, du 1ᵉʳ novembre au 28 janvier, pour 24 francs d'huile et 11 francs de pétrole. Calculer ce que coûte par heure l'entretien de chaque lampe, en sachant que l'huile vaut 60 centimes et le pétrole 80 centimes le litre.

Combien cette femme aurait-elle pu acheter de litres de pétrole de plus avec l'économie qu'elle aurait faite, si elle n'avait brûlé que cette substance ?

Certificat d'études primaires. — Aude, 1880.

Réponse. — Dépense par heure : en huile 13 centimes et demi ; en pétrole 6 centimes.

Avec l'économie, on aurait pu acheter 16 litres de pétrole.

98. — Dans le cours d'une année, un jeune homme, bon fils et bon ouvrier, a chômé 61 jours. Sa dépense s'est réglée comme il suit : nourriture 2^f,25 par jour ; logement, blanchissage et menus frais 26^f,75 par mois ; vêtements, linges, etc. 126^f,25 par an ; pension mensuelle à sa vieille mère 18^f,75. Enfin il a placé 522 francs à la Caisse d'épargne. Combien gagne-t-il par jour ?

Certificat d'études primaires. — Paris, 1878.

Réponse. — Gain par jour 6^f,75.

99. — Un libraire fournit aux élèves d'une école le papier et les plumes. Il donne une demi-main de papier pour 10 centimes et 4 plumes pour 5 centimes. On demande quel est son bénéfice pendant une année, en sachant qu'il a vendu 80 rames de 20 mains chacune et 30 boîtes de plumes contenant chacune 12 douzaines. La rame de papier lui coûtait 5^f 25 et la boîte de plumes 1^f,10.

Certificat d'études primaires. — Charente, 1879.

Réponse. — Bénéfice en un an 81 francs.

100. — Un libraire fait imprimer un ouvrage de 28 feuilles. Il donne 40 francs par feuille pour le compositeur et 5 francs pour le correcteur des épreuves. Le papier coûte 13^f,20 la rame de 500 feuilles ; le cartonnage est de 46 centimes par exemplaire et il a été dépensé 125 francs en annonces. Chaque exemplaire se vendra 4^f,50 et le libraire veut gagner 1 000 francs. Combien faut-il tirer d'exemplaires ?

Admission à l'École normale de Belfort. — 1878.

Réponse. — On devra tirer 722 exemplaires.

101. — Une marchandise pèse brut 576 kilogrammes 8 hectogrammes ; la tare est de 8 %. On demande : 1° le prix de cette marchandise, si elle est payée 117^f,50 les 50 kilogrammes, prix net ; 2° en supposant qu'on fasse sur le prix d'achat une remise de 2 %, à combien s'élève cette remise ; 3° combien on doit revendre le kilogramme pour faire un bénéfice de 15 % sur le prix d'achat.

Certificat d'études primaires. — Loir-et-Cher, 1880.

Réponse. — Prix d'achat 1247^f,04. Remise de 2 % 24^f,94.
Prix de vente du kilogramme 2^f,65.

102. — Lorsque la farine coûte 81 francs les 150 kilogrammes, on demande combien doit coûter le kilogramme de pain, si l'on admet que 5 kilogrammes de farine donnent 6 kilogrammes de pain et que le boulanger gagne 9 francs par 100 kilogrammes de farine ?

Brevet élémentaire. Aspirantes. — Ardennes, 1877.

Réponse. — Prix de vente du kilogramme 52 centimes et demi

103. — Une terre a 2 hectares 32 centiares de superficie. Elle est louée 85 francs l'arpent et l'arpent vaut 42 ares 20 centiares 8 dixièmes. Le fermier cultive du colza et dépense 242^f,50 par hectare ; il récolte 59 hectolitres de grain qu'il vend 22^f,75 l'hectolitre. Calculer le bénéfice total et le bénéfice par hectare.

Brevet élémentaire. Aspirants. — Rennes, 1878.

Réponse. — Bénéfice total 453^f,07 ; par hectare 226^f,17.

104. — Un négociant a acheté au prix de 25 francs l'hectolitre 30 barriques de vin, d'une contenance moyenne de 218 litres. Il a dépensé en plus 250 francs pour le transport et les droits d'octroi. Il mouille ce vin, c'est-à-dire il y mêle de l'eau à raison de 18 %. On demande combien le négociant devra vendre l'hectolitre du liquide ainsi préparé pour gagner 20 % sur ses déboursés.

Brevet élémentaire. Aspirantes. — Paris, 1875.

Réponse. — Prix de vente de l'hectolitre 33^f,97.

105. — Un minerai de plomb contient 18 % de plomb pur ; mais à la fonte on perd 14 % de ce plomb. Combien faut-il traiter de kilogrammes de minerai pour fournir 4644 francs de plomb pur, ce plomb étant vendu 60 francs les 100 kilogrammes ?

Brevet élémentaire Aspirants.

Réponse. — Poids de minerai à traiter 50 000 kilogrammes.

106. — Les houilles grasses du bassin de la Loire, carbonisées dans des fours, rendent une quantité de coke dont le volume est les 0,61 de celui de la houille. L'hectolitre de coke pèse 43 kilog. et les frais de main-d'œuvre sont de 10 centimes par 100 kilogr. de coke obtenu.

Trouver d'après cela combien on a dû traiter d'hectolitres de houille, si les frais de main-d'œuvre se sont élevés à 75 000 francs.

Brevet élémentaire. Aspirants. — 1875.

Réponse. — On a traité 2 859 522 hectolitres de houille.

107. — Un magasin est éclairé par 58 becs de gaz, de 5 heures et quart à minuit, et chaque bec consomme 135 litres de gaz par heure. Le mètre cube de gaz coûte 35 centimes.

Trouver la dépense d'éclairage pour le mois de janvier, en sachant que le 1er de ce mois est un vendredi et que le magasin est fermé le dimanche.

Brevet élémentaire. Aspirantes. — Paris, 1876.

Réponse. — Dépense de 480f,96.

108. — On a acheté 7 barils d'huile d'olive, contenant chacun 122 litres, au prix de 318 francs les 100 kilogrammes. On revend cette huile à raison de 4f,25 le kilogramme; mais il y a un déchet de 5 litres $\frac{3}{4}$ par baril. Trouver quel bénéfice sera réalisé, en sachant que le litre d'huile pèse 915 grammes.

Brevet élémentaire. Aspirants. — Juillet 1881.

Réponse. — Bénéfice 679f,59.

109. — Pour faire un oreiller, il faut pour 11f,25 de duvet d'oie du prix de 4f,50 le demi-kilogramme. Une oie fournit environ 125 grammes de duvet. Or au lieu d'acheter le duvet, une ménagère préfère acheter des oies pour les engraisser et les revendre ensuite.

Avant l'engraissement, l'oie pèse en moyenne 5 kilogrammes et vaut 90 centimes le kilogramme. Pendant l'engraissement, qui dure 24 jours, l'oie consomme, sous forme de boulettes, 12 litres de lait à 20 centimes le litre et 12 kilogrammes de farine de maïs à 25 centimes le kilogramme. L'engraissement terminé, le poids de l'oie est doublé, et la valeur de la chair augmente d'un quart.

On demande combien cette femme doit engraisser d'oies pour avoir son oreiller et quel sera son bénéfice à la vente.

Certificat d'études primaires. — Gard, 1878.

Réponse. — Nombre d'oies à engraisser 10.

Bénéfice 13f,50.

110. — L'hectolitre de blé pesant 75 kilogrammes se vend 27f,50. Après mouture, cet hectolitre de blé a donné 15 % de son poids de son, 82 % de farine et il y a eu 3 % de perte. Le son est vendu à raison de 15 francs les 100 kilogrammes. La farine transformée en pain a absorbé, après cuisson, 35 % de son poids d'eau. Ce pain a été vendu 40 centimes le kilogramme. On demande, défalcation faite de ce que coûte l'hectolitre de blé, ce qui reste au boulanger pour payer les frais de fabrication et constituer son bénéfice.

Concours pour les bourses des Écoles municipales supérieures de Paris. — 1879

Réponse. — Il reste au boulanger 7f,39.

111. — On a deux pièces de toile de qualités et de longueurs différentes et 5 mètres de l'une valent 2 mètres de l'autre. La pièce de qualité inférieure a la plus grande longueur, et on sait qu'avec l'excédant de sa longueur sur celle de l'autre, on a pu faire 4 chemises, comprenant chacune 3^m,20 et valant ensemble 19^f,20, sans compter les frais de confection. La pièce de 1re qualité ayant coûté 135 francs, on demande la longueur de chaque pièce et le prix de la pièce de 2e qualité.

Brevet élémentaire. Aspirantes. — Paris, 1880.

Réponse. — La pièce de 1re qualité a 60 mètres.

La pièce de 2e qualité a 72^m,80 et vaut 109^f,20.

112. — De deux négociants, le 1er fait par an 1 246 180 francs d'affaires et le 2e 2 187 800 francs. Le 1er gagne 9 % et le 2e 11 % sur le montant total de leurs affaires. Le 1er consacre 4 1/2 % de son bénéfice à l'entretien de sa maison, et le 2e 3 1/4 %, et ils économisent le reste. On demande au bout de combien d'années le 2e aura économisé 300 000 francs de plus que le 1er.

Brevet supérieur. Aspirantes. — Bordeaux, 1876.

Réponse. — Au bout de 2 ans 4 mois 19 jours.

113. — Une personne a acheté 46^m,75 de toile à 1^f,85 le mètre et 57^m,50 à 1^f,75 le mètre. Avec cette toile, elle fait 18 serviettes et 5 douzaines d'essuie-mains, ce qui lui coûte 32^f,80 de façon. Trouver à combien lui revient chaque serviette et chaque essuie-main, en sachant qu'il faut pour une serviette autant de toile que pour deux essuie-mains et que la confection des serviettes a coûté 10^f,75.

Certificat d'études primaires. — Orne, 1880.

Réponse. — Prix de revient de la serviette 3^f,76 et demi.

Prix de l'essuie-main 1^f,95.

114. — Dans le courant d'une année, le propriétaire d'une usine a payé 2 314^f,50 pour le transport, à une distance de 2 myriamètres 57 hectomètres, de la houille dont il a besoin. On demande de calculer le nombre d'hectolitres de houille consommés dans l'usine, en sachant qu'on paie 12 centimes par kilomètre pour le transport de 1000 kilogrammes, plus un droit de 3^f,24 pour 3240 hectol. et qu'un hectolitre de houille pèse 75 kilogrammes.

Concours pour les bourses aux Écoles municipales supérieures de Paris.—1875.

Réponse. — L'usine a consommé 10 801 hectolitres.

115. — Un marchand, en vendant 258 mètres d'une première étoffe au prix de 2ᶠ,75 le mètre, a fait une perte de 25 %, sur le prix d'achat. D'un autre côté, il a vendu pour 487 francs un lot d'une deuxième étoffe qui lui avait coûté 450 francs. On demande : 1° combien il a gagné ou perdu pour 100 sur l'ensemble des deux marchés ; 2° combien il aurait dû vendre le mètre de la première étoffe pour ne faire ni gain ni perte sur cet ensemble.

Brevet supérieur. Aspirantes. — Caen, 1879.

Réponse. — 1° Perte de 12,75 % sur l'ensemble.

2° Prix de vente de la 1ʳᵉ qualité 5ᶠ,45.

116. — Un boulanger paie 24ᶠ,75 un hectolitre de blé du poids de 78 kilogrammes. Après mouture, cet hectolitre a donné 12 % de son poids de son, 86 % de farine et il y a eu 2 % de perte. Le son est vendu au prix de 15 francs les 100 kilogrammes. La farine transformée en pain a absorbé, après cuisson, 35 % de son poids d'eau et ce pain a été vendu 35 centimes le kilogramme.

On demande, défalcation faite du prix de l'hectolitre de blé, ce qui reste au boulanger pour payer les frais de fabrication et constituer son bénéfice.

Concours pour les bourses aux Écoles municipales supérieures de Paris.—1880

Réponse. — Il reste au boulanger 8ᶠ,35.

117. — Une personne, voulant savoir lequel des deux modes d'éclairage à l'huile ou à la bougie, est le moins cher, fait les deux expériences suivantes. Elle emploie 1 kilogramme de bougies, qui l'éclaire 5 heures par jour pendant 8 jours ; puis 1 kilogramme d'huile, qui l'éclaire 6 heures par jour pendant 4 jours, en produisant la même clarté. Le kilogramme de bougies coûte 3ᶠ,20 et le kilogramme d'huile 1ᶠ,50.

Quel est le mode le plus économique, et quelle économie réalise-t-on au bout d'un mois de 50 jours, la durée de l'éclairage étant de 5 heures et demie par jour ?

Brevet élémentaire. Aspirants. — Douai.

Réponse. — L'éclairage à l'huile est le moins cher.

Au bout du mois, l'économie est de 2ᶠ,89.

118. — Un marchand a acheté 357 quintaux métriques de blé au prix de 22 francs l'hectolitre pesant 78 kilogrammes. Il paie en outre : 1° pour chargement et déchargement 15 centimes par hectolitre ; 2° pour le transport à 127 kilomètres de distance, 67 centimes par tonne et par kilomètre. Ce blé, après la mouture, donne 1820 kilogrammes de son, qui sont vendus 50 centimes le kilogramme, et 332 quintaux de farine. A quel prix le marchand doit-il vendre le sac de farine de 150 kilogrammes, pour avoir un bénéfice de 1^f,75 par hectolitre de blé ?

Brevet élémentaire. Aspirants. — Douai.

. *Réponse.* — Le sac doit être vendu 59^f,03.

119. — Un cultivateur a récolté les betteraves d'un champ de 17 hectares 85 ares 72 centiares, et il les a vendues au prix de 19 francs les 1000 kilogrammes. La moyenne de la récolte est de 63 457 kilogrammes par hectare. L'acheteur lui décompte 7,5 % sur le poids des 36 premiers centièmes des betteraves ; 12,85 % sur les 48 centièmes suivants ; 23,6 % sur le reste.

Le cultivateur a dépensé par hectare, savoir : 175 francs pour le fermage ; 187^f,50 pour frais de culture et de transport ; 348^f,75 pour engrais. Trouver le bénéfice ou la perte pour le cultivateur.

Admission à l'École normale de Douai. — 1879.

Réponse. — Il y a un bénéfice de 6106^f,92.

120. — Le minerai d'une usine, où l'on extrait le plomb, contient 23 % de ce métal ; le plomb qu'on en retire contient lui-même 3 millièmes d'argent. Les produits divers forment annuellement une valeur de 1 750 000 francs.

On demande combien l'usine produit de plomb et d'argent et quelle est la quantité de minerai traitée.

On sait que le prix du plomb est de 55 francs le quintal métrique et que celui de l'argent pur est de 222^f,22 le kilogramme.

On supposera que la perte du plomb est de 9 % et celle de l'argent de 1 %.

Brevet supérieur. Aspirants. — Agen, 1876.

OBSERVATION — Ce problème manque de clarté. On ne dit pas si les 9 % de perte du plomb se rapportent au poids du minerai ou au poids du plomb ; il y a une incertitude semblable sur la perte de 1 % de l'argent.

On admettra que la perte de plomb est de 9 % du poids du minerai et que la perte d'argent est de 1 % du poids de l'argent contenu dans le plomb.

Réponse. — Poids du plomb obtenu 1 477 990 kilogrammes.

Poids de l'argent....... 4 300^{Kg}, 531 666.

Poids du minerai traité 10 542 789 kilogrammes.

3

CHAPITRE II

SUR LES FRACTIONS ORDINAIRES.

CONSEILS.

1° Écrivez à côté de chaque fraction l'indication du nom de l'unité à laquelle elle se rapporte.

2° Simplifiez la fraction qui vient d'être obtenue, après avoir reconnu si ses deux termes sont divisibles par les nombres 2, 4, 5, 9, 11.

3° Dans la réduction des fractions au même dénominateur, cherchez toujours le plus petit dénominateur commun.

Pour cela, on examine d'abord si le plus grand des dénominateurs des fractions proposées est divisible par tous les autres ; dans ce cas, ce sera le plus petit dénominateur commun. Dans le cas contraire, on essaie de le multiplier par 2, 3, 4, 5, etc., pour trouver un multiple commun de tous les dénominateurs.

C'est seulement quand ce moyen ne réussit pas, qu'on recourt à la décomposition des dénominateurs en facteurs premiers.

4° Dans la multiplication de deux fractions dont l'une a son numérateur égal au dénominateur de l'autre, prenez immédiatement pour produit une fraction formée de l'autre numérateur et de l'autre dénominateur.

5° Dans la division de deux fractions ayant le même dénominateur, prenez pour quotient la fraction ayant le numérateur du dividende et pour dénominateur le numérateur du diviseur.

6° Évitez en général, dans les calculs, de remplacer une fraction ordinaire par une fraction décimale, si la fraction décimale n'en est pas la valeur exacte, excepté quand on reconnaît qu'il y a avantage à le faire pour éviter des calculs trop longs ; ayez soin dans ce cas de prendre assez de chiffres décimaux pour que l'erreur qui en résulte dans le résultat définitif ne soit pas plus forte que le problème ne le comporte.

§ I. — PROBLÈMES DANS L'ÉNONCÉ DESQUELS IL N'ENTRE QU'UNE SEULE FRACTION ORDINAIRE AVEC DES NOMBRES ENTIERS OU DÉCIMAUX.

121. — A un certain moment, le thermomètre marquait 26 degrés sur l'échelle centigrade; quelle était la température marquée au même instant sur l'échelle Réaumur? (1)

Brevet élémentaire. Aspirantes.

Réponse. — 20 degrés et 8 dixièmes.

122. — Le thermomètre marquant 17 degrés à l'échelle Réaumur, évaluer cette température en degrés centigrades.

Brevet élémentaire. Aspirantes.

Réponse. — 21 degrés centigrades 25 centièmes .

123. — Le thermomètre Fahrenheit marquant 97 degrés, trouver la température correspondante en degrés centigrades (2).

Brevet élémentaire. Aspirantes. — Paris, 1877.

Réponse. — 36 degrés centigrades et $\frac{1}{9}$.

124. — Le prix de la doublure d'une étoffe est les $\frac{2}{7}$ de celui de l'étoffe. Or 18 mètres de cette étoffe ainsi doublée valent 162 fr.; quelle est la valeur d'un mètre de cette doublure?

Certificat d'études primaires. — Saint-Denis, 1877.

Réponse. — Prix du mètre de la doublure 2 fr.

1. L'intervalle qui s'étend entre les deux points où arrive le sommet de la colonne liquide (mercure ou alcool) à la température de la glace fondante et à la température de l'eau bouillante, est divisé en 100 parties égales dans la graduation centigrade et 80 dans la graduation Réaumur. Le zéro correspond à la température de la glace fondante.

2. Dans le thermomètre Fahrenheit, usité en Angleterre, en Hollande et dans l'Amérique du Nord, le zéro correspond à un froid plus intense que celui de la glace fondante. L'intervalle entre ce point et celui de l'eau bouillante a été divisé en 212 parties égales. A la température de la glace fondante, ce thermomètre marque 32 degrés.

125. — Les $\frac{2}{3}$ du bois que contient un magasin ont été vendus pour 2940 francs à raison de 14 francs le stère. Combien de stères sont restés en magasin et quelle en est la valeur?

Certificat d'études primaires. — Saint-Denis, 1877.

Réponse. — Il reste 105 stères valant 1470 francs.

126. — Les $\frac{5}{6}$ d'une pièce de drap valent $378^f,50$; quel est le prix de la pièce entière?

Certificat d'études primaires. — Paris, 1878.

Réponse. — La pièce entière vaut $454^f,20$.

127. — Un établissement d'éducation entretient pendant 5 mois et 1 tiers 9 poêles, dont chacun brûle en moyenne 370 décimètres cubes de charbon par mois. L'hectolitre coûtant $1^f,85$, trouver quel serait en monnaie de bronze le poids de la somme nécessaire pour payer la dépense du chauffage pendant ce temps.

Brevet élémentaire. Aspirants. — Dijon, 1871.

Réponse. — Le poids de la monnaie serait de 32 856 grammes.

128. — Un propriétaire a vendu les $\frac{5}{9}$ de sa récolte de vin et il lui en reste encore pour $2785^f,60$. Combien a-t-il récolté de tonneaux de vin de 860 litres chacun, le prix étant de $24^f,50$ l'hectolitre?

Certificat d'études primaires. — Charente, 1877.

Réponse. — 29 tonneaux 642 litres.

129. — Un fabricant de cidre a acheté 175 hectolitres de pommes, et il en a perdu $\frac{2}{25}$ par suite d'avarie dans le transport. Un hectolitre de pommes donne $\frac{1}{3}$ d'hectolitre de cidre, et ce cidre vaut en moyenne $3^f,50$ le demi-hectolitre. A quel prix revenait l'hectolitre de pommes?

Certificat d'études primaires. — Charente, 1877.

Réponse. — Prix de l'hectolitre de pommes $2^f,024$.

130. — Une lampe brûle pour 2 centimes d'huile et 3 millimes de mèche par heure. Quelle a été la dépense du 1er octobre 1880 au 10 mars 1881, si la lampe a brûlé pendant 4 heures 40 minutes par jour?

Certificat d'études primaires. — Var, 1881.

Réponse. — Dépense de 17^f,28.

131. — On vend une récolte de 12 mètres cubes $\frac{5}{7}$ de froment, à raison de 23^f,50 l'hectolitre, en garantissant un poids de 79 kilogrammes par hectolitre, sauf à réduire ce prix suivant le poids. Or ce blé ne pèse que 77 kilogrammes l'hectolitre. On demande le prix de cette vente et le poids total du froment vendu.

Brevet élémentaire. Aspirants. — Metz, 1859.

Réponse. — Poids vendu 9790 kilogrammes.
Prix de la vente 2912^f,22.

132. — Un conseil municipal a voté une imposition extraordinaire de 7 centimes et demi pour la construction d'une école (1). L'État a promis un secours égal au tiers de la dépense. La commune, qui paie 72 000 francs d'impôt, sera libérée de sa quote-part dans 5 ans et 4 mois. Quel est le montant total de la dépense?

Brevet élémentaire. Aspirants. — Paris, 1879.

Réponse. — Dépense totale de 43 200 francs.

133. — On a acheté 740 mètres de toile à 2^f,15 le mètre. On en vend les $\frac{3}{5}$ à 2^f,45 le mètre, et le reste à un prix tel qu'on gagne 8 % dans la vente totale. Quel est le prix du mètre du reste?

Brevet élémentaire. Aspirantes. — Paris, 1880.

Réponse. — Prix du mètre du reste 2^f,13.

134. — Une personne veut revendre avec 500 francs de bénéfice 342^m,45 de marchandise, qu'elle a payés à raison de 18^f,25 le mètre. Les $\frac{7}{9}$ de l'achat ont été vendus pour la somme de 19^f,40 le mètre. A quel prix faut-il vendre le reste de la marchandise pour réaliser le bénéfice indiqué?

Brevet élémentaire. Aspirantes. — Metz, 1859. — Paris, 1878.

Réponse. — Prix du mètre 20^f,79.

135. — Quelle est la capacité d'un vase, si l'huile qui en rem-

1. Une imposition de 7 centimes et demi par franc sur la totalité de ses impôts.

plit les $\frac{5}{7}$ pèse autant que la monnaie d'argent qui vaut 585^f,5o ?
L'hectolitre d'huile pèse 9o kilogrammes.

Brevet élémentaire. Aspirantes. — Douai, 1873.

Réponse. — Le vase a 3 litres de capacité.

136. — Une institutrice est entrée en fonction le 1er octobre
1879 ; elle a dû donner sa démission le 10 septembre 1880. Conformément à la loi du 9 juin 1853, elle a subi la retenue du traitement du 1er mois et celle de $\frac{1}{20}$ sur celui de chaque mois suivant. On lui a compté la journée du 10 septembre et elle a reçu
pour toute la durée de son service la somme de 1472^f,5o. Quel
était son traitement annuel ? Le mois est compté avec 3o jours.

Brevet supérieur. Aspirantes. — Novembre 1881.

Réponse. — Traitement annuel de 1800 francs.

137. — Un marchand achète 1192^{kg},28 d'huile, au prix de
62 francs l'hectolitre. Il en revend les $\frac{5}{6}$ à raison de 73 francs les
100 kilogrammes, et le reste en bloc pour 170 francs. Calculer son
bénéfice, en sachant qu'un litre de cette huile pèse 913 grammes.

Certificat d'études primaires. — Seine, 1878.

Réponse. — Bénéfice de 85^f,65.

138. — J'ai acheté un fût de vin, qui contient 204 litres, pour
182^f,07. Je mets le vin dans des bouteilles contenant chacune $\frac{2}{3}$
de litre, qui coûtent 16 francs le cent. Les bouchons coûtent 1^f,5o
le cent. Combien de bouteilles de vin aurai-je ? Quel sera le prix
d'une bouteille de vin, verre et bouchon compris ?

Brevet élémentaire. Aspirantes. — Paris, 1881.

Réponse. — La bouteille coûtera 77 centimes.

139. — Le café vert coûte 2^f,75 les 5 hectogrammes, et quand
on le brûle, il perd $\frac{2}{11}$ de son poids. Combien faut-il le vendre
brûlé pour gagner 12 %, sur le prix d'achat ?

Admission à l'École normale de filles de la Seine. — 1880.

Réponse. — Le kilogramme de café brûlé sera vendu 7^f,55.

140. — Le café, quand il est torréfié, perd $\frac{1}{6}$ de son poids. Un

marchand l'achète non brûlé au prix de 5^f,40 le kilogramme; il le revend torréfié 1^f,55 le paquet de 25 décagrammes. Quel bénéfice fait-il en vendant un quintal de café, si la torréfaction nécessite une dépense de 4^f,25?

Certificat d'études primaires. — Dunkerque, 1880.

Réponse. — Bénéfice de 127^f,75.

141. — Un commerçant achète 20 balles de café vert, pesant chacune 24 kilogrammes 5 hectogrammes, pour la somme de 1544 francs. Il torréfie ce café et revend le tout avec un bénéfice de 25 % sur le prix d'achat. Quel est le prix de vente du demi-kilogramme de café grillé, si par la torréfaction le café vert perd les $\frac{2}{7}$ de son poids?

Admission à l'École normale de filles de Mézières. — 1878.

Réponse. — Prix de vente du demi-kilogramme 2^f,40.

142. — Un marchand achète 75^m,80 de velours à 19^f,75 le mètre; il en paie les $\frac{4}{7}$ avec du drap valant 12 francs le mètre et le reste en argent. Combien livre-t-il de mètres de drap et quelle somme débourse-t-il?

Admission à l'École normale. — Foix, 1879.

Réponse. — Il livre 71^m,28 de drap et donne 641^f,60.

143. — Les $\frac{8}{15}$ d'une pièce d'étoffe contiennent 75^m,50 et ont coûté 1029 francs. On demande : 1° le prix de la pièce entière; 2° combien il faut revendre le mètre pour faire un bénéfice de 20 %.

Certificat d'études primaires. — Paris, 1878.

Réponse. — Prix d'achat de la pièce 1929^f,37.
Prix de vente du mètre 16^f,80.

144. — La houille produit par kilogramme 240 litres de gaz. On perd $\frac{1}{8}$ du gaz à l'épuration et par les fuites. Or une usine doit fournir journellement 3400 mètres cubes de gaz et elle paie 3^f,60 l'hectolitre de houille, le poids de l'hectolitre étant de 80 kilogrammes. Trouver : 1° combien elle dépense par jour en achat de houille ; 2° combien elle doit vendre le mètre cube pour réaliser chaque jour un bénéfice brut de 100 francs?

Brevet élémentaire. Aspirants. — Montpellier, 1876.

Réponse. — On dépense 675 francs par jour pour l'achat de la houille.

Le prix de vente du mètre cube de gaz sera de 22 centimes 7 millimes.

145. — Un épicier gagne $\frac{3}{20}$ sur ses marchandises. Il mêle 11 kilogrammes de café vert du prix de 4^f,50 le kilogramme avec 10 kilogrammes d'un autre café du prix de 2^f,60. Le café ayant perdu $\frac{1}{9}$ de son poids quand il est grillé, combien cet épicier donnera-t-il de grammes de café grillé pour 10 centimes ?

Admission à l'École normale de Nancy. — 1879.

Réponse. — Pour 10 centimes il donnera 21^{gr},49.

146. — Une ménagère achète 5 kilogrammes 320 grammes de groseilles pour faire des confitures. Ces groseilles fournissent $\frac{4}{7}$ de leur poids de jus, et ce jus est mêlé à un poids égal de sucre à l'état de sirop. Le mélange est ensuite chauffé et clarifié, ce qui lui fait perdre $\frac{3}{152}$ de son poids. L'opération terminée, la confiture est mise dans des pots ayant 149 millièmes de litre de capacité. On demande combien on pourra remplir de ces pots, si le litre de confiture pèse autant que 1 litre 25 centilitres d'eau.

Brevet élémentaire. Aspirantes. — Paris, 1878.

Réponse. — On remplira 32 pots.

147. — Une fontaine peut remplir un bassin de 150 hectolitres en 2 heures et demie ; une autre pourrait le remplir en 3 heures. Le bassin étant complètement vide, combien faudra-t-il de temps aux deux fontaines coulant ensemble pour le remplir jusqu'aux 3 quarts ? Combien chacune donnera-t-elle de litres d'eau par minute ?

Brevet élémentaire. Aspirants.. — Paris, 1880.

Réponse. — 1 heure 1 minute pour remplir le bassin.

Par minute, la 1re donne 100 litres ; la 2e 83^l,33.

148. — Un instituteur qui débute a été installé le 11 mai, et à la fin de juin il reçoit un mandat, qui fixe ce qui lui est dû, depuis le jour de son installation à la somme de 68^f,61. Trouver son trai-

tement annuel, en sachant qu'il lui a été fait les retenues règle-
mentaires : la retenue du 1er douzième de son traitement annuel,
puis la retenue du 20e sur le reste. On compte le mois de 30 jours.

Brevet élémentaire. Aspirants. — Mende, 1879.

Réponse. — Traitement annuel de 1300 francs.

149. — Une personne achète 648 kilogrammes de marchandises
à 3^f,45 le kilogramme. Elle vend les $\frac{2}{9}$ en gagnant 15 °/$_0$ et les $\frac{3}{5}$
du reste en gagnant 18 °/$_0$. Combien doit-elle vendre le kilogramme
de ce qui lui reste, pour faire un bénéfice de 204 francs sur les
648 kilogrammes?

Brevet élémenaire. Aspirantes. — Rouen, 1879.

Réponse. — Le kilogramme du reste sera vendu 3^f,16.

150. — Un marchand a acheté 140 hectolitres de froment au
prix de 18^f,15 l'hectolitre. En les revendant, il veut réaliser un
bénéfice de 180 francs sur le tout. Les $\frac{3}{7}$ ont déjà été revendus à
raison de 3^f,70 le double-décalitre. A quel prix doit-il revendre
l'hectolitre de ce qui lui reste ?

Certificat d'études primaires. — Allier, 1880.

Réponse. — On vendra l'hectolitre du reste 20^f,14.

151. — Un vase plein d'huile pèse 13 kilogr. 725 grammes, et
le vase vide pèse les $\frac{2}{15}$ de ce poids. Trouver le poids de l'huile
contenue dans le vase, en sachant qu'un litre d'huile pèse 915
grammes ; trouver aussi combien vaut cette huile à raison de
220 francs l'hectolitre.

Certificat d'études primaires. — Dordogne, 1881.

Réponse. — Poids de l'huile 11 kilogrammes 895 grammes.
　　　　　　Valeur de l'huile 28^f,60.

152. — En admettant que la chaleur fournie par un kilogramme
de bois de hêtre est les $\frac{14}{19}$ de celle que fournit un kilogramme de
houille, que le stère de hêtre coûte 11^f,50 et pèse 475 kilogr., que
l'hectolitre de houille pèse 84 kilogr., on demande quel doit être
le prix de l'hectolitre de houille pour qu'il soit indifférent d'employer le chauffage au hêtre ou à la houille.

Brevet élémentaire. Aspirantes. — Melun, 1878.

3.

Réponse. — Prix de l'hectolitre de houille 2ᶠ,76.

153. — A volume égal, le bois de charme ne vaut pour le chauffage que les $\frac{19}{20}$ de ce que vaut le bois de chêne. En outre le poids d'un stère de chêne bien sec est de 380 kilogr. et celui d'un stère de charme n'est que de 370 kilogr. Le prix de 1000 kilogr. de chêne étant de 68ᶠ,50, on demande quel devra être le prix de 1000 kilogr. de charme, pour qu'il soit indifférent de se chauffer avec l'un ou l'autre de ces deux bois. On calculera le résultat à un demi-centime près.

Brevet élémentaire. Aspirants. — Mars 1881.

Réponse. — Le prix de 1000 kilogr. de charme doit être de 68ᶠ,83.

154. — Un fermier a récolté 254 hectolitres de blé pesant 75 kilogrammes l'hectolitre. On demande combien ce blé fournira de pains de 2 kilogrammes, en sachant : 1° que le blé donne les $\frac{5}{6}$ de son poids de farine ; 2° que l'on ajoute à la farine les $\frac{8}{11}$ de son poids d'eau · 3° que la pâte perd $\frac{1}{6}$ de son poids à la cuisson.

Brevet élémentaire. Aspirantes. — Poitiers, 1879.

Réponse. — 10 525 pains de 2 kilogrammes.

155. — Un marchand a acheté pour 10 117 francs 2500 hectolitres de blé rendus dans ses magasins. Comme 500 hectolitres ont été avariés dans le transport, il a été forcé de ne les vendre que les $\frac{4}{5}$ du prix auquel il a vendu les 2000 autres hectolitres. Le bénéfice total ayant été de 10 %, on demande : 1° à quel prix il a vendu l'hectolitre de blé conservé ; 2° à quel prix l'hectolitre de blé avarié.

Brevet supérieur. Aspirantes. — Digne, 1879.

Réponse. — Blé conservé 4ᶠ,64 l'hectolitre. Blé avarié 3ᶠ,71.

156. — Pour éclairer une usine, il faut 725 becs de gaz, qui restent allumés en moyenne 2 heures 8 dixièmes par jour, pendant 180 jours de l'année. Le gaz est payé à raison de 40 centimes le mètre cube, et chaque bec en consomme 123 litres et quart par heure. Remise est faite au propriétaire de l'usine des $\dfrac{58}{725}$ de la consommation annuelle du gaz qu'il emploie.

On demande quel est pour 100 le montant de cette remise, le prix net du mètre cube de gaz consommé dans l'usine, et à combien s'élèverait la dépense totale, s'il n'y avait pas de remise.

Brevet élémentaire. Aspirants. — Besançon, 1878.

Réponse. — Réduction de 8 %.

        Prix net du mètre cube 36 centimes 8 millimes.

        Dépense sans réduction 18 014^f,22.

157. — On a vendu les $\dfrac{3}{4}$ d'une propriété pour 35 437^f,50 à raison de 3780 francs l'hectare. Le reste a été vendu ensuite à un prix qui surpasse le premier de 20 centimes par mètre carré. Combien le vendeur a-t-il reçu en tout et quelle était la surface de la propriété ?

Brevet élémentaire. Aspirantes. — Novembre 1881.

Réponse. — La surface de la propriété est de 1250 ares.

        Le produit de la vente est de 53 500 francs.

158. — Une institutrice, qui débute dans l'enseignement, a été installée le 13 octobre 1870. A la fin du mois de mars, on règle ce qui lui est dû et elle reçoit la somme de 546^f,25. On demande quel est son traitement annuel, en sachant qu'on lui a retenu, d'après la loi, le traitement du 1er mois et qu'on lui a fait sur le reste la retenue de 5 %. Les mois sont comptés de 30 jours.

Brevet de 2e ordre. Aspirantes. — Lyon, 1879.

Réponse. — Traitement annuel de 1500 francs.

159. — Sur trois notes, l'une de 180^f,45, la 2e de 70^f,25 et la 3e de 240^f,80, l'acheteur, en les soldant, a retenu les centimes et n'a payé que les francs.

On demande : 1° à combien pour cent s'élève la retenue faite sur le tout ; 2° quelle est celle des trois notes qui a subi la plus forte retenue relativement au montant.

Brevet élémentaire. Aspirantes. — Ajaccio, 1879.

Réponse. — La réduction sur le tout est de 0,3 %.

        La plus forte retenue est sur la 2e note.

160. — Un propriétaire a 18 hectares de terre cultivés en blé. Il a récolté par hectare 2 mètres cubes 360 décimètres cubes de blé pesant 72 kilogrammes 35 décagrammes l'hectolitre. Ce blé rend en farine les $\frac{8}{11}$ de son poids.

On ajoute à la farine 53 d'eau pour 100 de son poids, et la pâte perd $\frac{1}{6}$ de son poids par la cuisson. On demande combien le produit de la récolte donnera de pains de 2 kilogrammes.

Brevet élémentaire. Aspirants. — Poitiers, 1879.

Réponse. — 14 249 pains plus un autre de 1 kilogramme seulement.

§ II. — Problèmes donnant lieu aux diverses opérations sur les fractions ordinaires.

161. — On achète une étoffe à raison de 9 francs les 4^m,75 ; on la revend 17 francs les 7 mètres et on gagne 28 francs. Quelle est la longueur de la pièce ?

Brevet élémentaire. Aspirantes. — Paris, 1881.

Réponse. — La longueur de la pièce est de 52^m,45.

162. — On vide les $\frac{2}{3}$ d'un tonneau; puis on y remet 35 litres de vin et le tonneau est alors à moitié plein. Quelle est la capacité de ce tonneau?

Brevet élémentaire. Aspirantes.

Réponse. — La capacité du tonneau est de 216 litres.

163. — Lorsque les $\frac{3}{4}$ d'un mètre de drap valent 12 francs, combien coûtent $\frac{5}{7}$ de mètre ?

Certificat d'études primaires. — Doubs, 1877.

Réponse. — Prix demandé 11^f,44.

164. — On a compté 16 battements d'une montre entre l'instant où l'on a vu la lueur de l'éclair et celui où l'on a entendu le tonnerre. A quelle distance est-on du nuage orageux, si le son parcourt 340 mètres par seconde et si la montre marque 128 bat-

tements par minute, l'éclair se produisant au moment même où on l'aperçoit ?

Brevet élémentaire. Aspirantes. — Melun, 1879.

Réponse. — La distance au nuage est de 2550 mètres.

165. — La lune tourne sur elle-même en 27 jours 7 heures et 43 minutes. Exprimer ce nombre en nombre décimal, en prenant le jour ou l'heure pour unité.

Brevet élémentaire. Aspirantes. — Paris, 1881.

Réponse. — On trouve $27^j,5214$.

166. — La roue d'une machine fait 91 tours en 3 secondes $\frac{3}{4}$.

On demande combien elle fera de tours en 5 heures $\frac{3}{4}$.

Brevet élémentaire. Aspirants. — Juillet 1881.

Réponse. — 502 320 tours.

167. — Le nombre des jours qui composent la durée de l'année sidérale est $365^j,2564$. Exprimer la fraction décimale en divisions du jour : heures, minutes et secondes.

Brevet élémentaire. Aspirantes. — Paris, 1879.

Réponse. — L'année sidérale a $365^j 6^h 9^m 13^s$.

168. — Chercher quel est le rapport du diamètre de la lune à celui du soleil, en sachant que le diamètre de la lune équivaut aux $\frac{3}{11}$ de celui de la terre, et que le diamètre du soleil vaut 110 fois celui de la terre.

Brevet élémentaire. Aspirantes. — Paris, 1879.

Réponse. — Le diamètre de la lune égale $\frac{3}{1210}$ de celui du soleil.

169. — Trouver les fractions équivalentes à $\frac{3}{8}$ et qui ont pour numérateurs les nombres 6, 51, 33, 39, 48.

Brevet élémentaire. Aspirantes. — Paris.

Réponse. — On trouve pour les fractions demandées :

$$\frac{6}{16}, \frac{51}{136}, \frac{33}{88}, \frac{39}{104}, \frac{48}{128}.$$

170. — Trouver une fraction équivalente à la fraction $\frac{5}{9}$ et telle que la somme de ses deux termes soit égale à 42.

Brevet élémentaire. Aspirants.

Réponse. — La fraction demandée est $\frac{15}{27}$.

171. — Réduire au plus petit dénominateur commun les fractions

$$\frac{1}{3}, \frac{7}{21}, \frac{21}{63}, \frac{105}{315}.$$

Certificat d'études primaires. — Paris, 1881.

Réponse. — Elles sont toutes égales à $\frac{1}{3}$.

172. — Les deux termes d'une fraction ayant le même nombre de chiffres, on écrit chaque terme à la suite de lui-même; que vaut la fraction ainsi obtenue par rapport à la première? On prendra pour exemple $\frac{27}{34}$.

Brevet élémentaire. Aspirants.

Réponse. — La fraction obtenue $\frac{2727}{3434}$ est équivalente à la première.

173. — Une personne achète chez un marchand 5 mètres $\frac{3}{4}$ d'étoffe qu'elle paie 40^f,25. Vérification faite, on trouve que le marchand s'est trompé en mesurant et que le coupon ne contient que 4 mètres $\frac{7}{8}$. Quelle somme le marchand doit-il rendre à l'acheteur?

Brevet élémentaire. Aspirantes. — Bordeaux.

Réponse. — Le marchand doit rendre 6^f,12.

174. — Trouver le nombre dont les $\frac{2}{3}$ et les $\frac{3}{4}$ réunis valent 68.

Brevet élémentaire. Aspirantes. — Paris, 1878.

Réponse. — Ce nombre est 48.

175. — Une locomotive parcourt les $\frac{7}{12}$ d'une route en 3 heures $\frac{1}{2}$.

On demande combien elle met de temps pour parcourir la route entière, pour en parcourir les $\frac{2}{5}$, les $\frac{7}{8}$, les $\frac{9}{14}$.

Brevet élémentaire. Aspirantes. — Paris, 1878.

Réponse. — Elle parcourt la route entière en 6 heures ; les $\frac{2}{5}$ en 2^h24^m ; les $\frac{7}{8}$ en 5^h15^m ; les $\frac{9}{14}$ en $3^h51^m\frac{3}{7}$.

176. — On a vendu les $\frac{2}{9}$ d'une pièce de terre, puis les $\frac{2}{7}$ du reste, et après la 2ᵉ vente il ne reste plus que 54 ares 27 centiares. Quelle était l'étendue de cette terre ?

Brevet de sous-maîtresse. — Paris, 1881.

Réponse. — 97 ares 68 centiares.

177. — Un poteau vertical est partagé en quatre parties. La 1ʳᵉ en est le $\frac{1}{5}$; la 2ᵉ le $\frac{1}{4}$; la 3ᵉ les $\frac{2}{7}$; enfin la 4ᵉ a $2^m,2$. Trouver la hauteur de ce poteau.

Brevet de sous-maîtresse. — Paris, 1881.

Réponse. — La hauteur du poteau est de $16^m,80$.

178. — Un robinet remplirait en 1 heure les $\frac{2}{5}$ d'un bassin ; un autre robinet en viderait les $\frac{8}{9}$ en 3 heures. Le bassin étant vide, on ouvre les deux robinets à la fois. Dans combien de temps le bassin sera-t-il rempli ?

Brevet élémentaire. Aspirantes. — Lot, 1875.

Réponse. — Au bout de 9^h 38 minutes.

179. — Un bassin reçoit par quart d'heure 32 litres 3 quarts d'eau et en perd 3 litres 1 tiers dans le même temps. Combien con-servera-t-il de litres au bout de 1 heure et demie ?

Certificat d'études primaires. — Ardennes, 1878.

Réponse. — Il contiendra 116 litres et demi.

180. — D'un vase plein d'eau on retire le tiers plus le quart de ce qu'il contient et il y reste le 7ᵉ de ce qu'on a retiré plus 16 litres. Trouver : 1° quelle est la capacité du vase ; 2° quelle est la valeur de la monnaie d'argent qui aurait le même poids que l'eau qui remplissait le vase.

Brevet élémentaire. Aspirantes. — Paris, 1880.

Réponse. — 1° La capacité du vase est de 48 litres.

2° La monnaie d'argent vaut 9600 francs.

181. — On partage une somme entre quatre personnes. La 1re en a la moitié ; la 2° en a $\frac{1}{5}$; la 3° en a $\frac{1}{6}$. La 4°, qui a le reste, reçoit 48 fr. de moins que la 3°. Quelle est la somme partagée ?

Brevet élémentaire. Aspirantes. — Paris, 1881.

Réponse. — La somme est de 1440 fr.

182. — Un particulier a acheté une charge de pommes de terre. Il en cède $\frac{1}{4}$ à un de ses voisins, $\frac{1}{3}$ à un autre et $\frac{1}{6}$ à un troisième. Il lui en reste encore 2 hectolitres $\frac{1}{5}$. Combien avait-il acheté de pommes de terre ?

Brevet élémentaire. Aspirants. — Bordeaux, 1857.

Réponse. — Il avait acheté 8 hectolitres 80 litres.

183. — Trouver le nombre dont les $\frac{2}{7}$ plus les 0,291 font 0,0027

Brevet élémentaire. Aspirantes. — Metz, 1857.

Réponse. — Ce nombre est $\frac{189}{40370}$.

184. — Un homme boit le tiers du vin qui remplit un verre. Il le remplit ensuite en y versant de l'eau et il boit la moitié du tout ; il le remplit une seconde fois avec de l'eau et en boit encore la moitié. Quelle partie du vin primitif reste-t-il encore dans le verre ?

Brevet élémentaire. Aspirants.

Réponse. — Il reste $\frac{1}{6}$ du vin qui remplissait le verre.

185. — Un fermier a vendu successivement les $\frac{2}{9}$ des $\frac{3}{8}$, puis $\frac{1}{6}$, puis $\frac{17}{24}$ de sa récolte de blé. Le reste est réservé pour la consommation de sa maison qui comprend 15 personnes. En moyenne une personne consomme 17 doubles-décalitres de blé par an. Trouver en hectolitres la quantité de blé de cette récolte.

Certificat d'études des cours d'adultes. — Paris, 1880.

Réponse. — La récolte est de 1224 hectolitres.

186. — Deux fontaines versent de l'eau dans le même bassin. La 1re pourrait le remplir en 3 heures et la 2e en 5 heures. On laisse d'abord couler la 1re pendant 1 heure, puis la 2e seule pendant 1 heure et demie, et ensuite on les laisse couler toutes deux ensemble. On demande au bout de combien de temps le bassin sera rempli.

Brevet élémentaire. Aspirants. — Toulouse.

Réponse. — Au bout de $3^h11^m\frac{1}{4}$

187. — Un ouvrage peut être fait en 5 heures par un homme, en 8 heures par une femme et en 12 heures par un enfant. Au bout de combien d'heures l'ouvrage sera-t-il fait par les trois personnes travaillant ensemble?

Brevet de sous-maîtresse. — Paris, 1878.

Réponse. — En 2^h27 minutes.

188. — Trois ouvriers ont travaillé ensemble pour faire un ouvrage. Le 1er en a fait $\frac{1}{3}$; le 2e en a fait $\frac{1}{4}$ et le 3e le reste. L'ouvrage ayant été payé $2^f,50$ le mètre, le 3e a reçu pour sa part 40 fr. Combien chaque ouvrier a-t-il fait de mètres?

Brevet élémentaire. Aspirants.

Réponse. — Le 1er a fait $12^m,80$; le 2e $9^m,60$; le 3e 16 mètres.

189. — Deux pièces de toile ont ensemble $103^m,50$ de longueur et les $\frac{2}{5}$ de la 1re font la longueur des $\frac{3}{4}$ de la seconde. Trouver la longueur de chacune.

Brevet élémentaire Aspirants.

Réponse. — La 1re pièce a $67^m,50$; la 2e pièce 36 mètres.

190. — On a vendu un terrain en trois lots, au prix de 45 fr. l'are. Le 1er lot comprenait les $\frac{2}{9}$ du terrain; le 2e les $\frac{2}{5}$ du reste. Le 3e lot valait 3225 fr. de plus que le 1er. Trouver la surface du terrain.

Brevet élémentaire. Aspirants.

Réponse. — Le terrain a 293 ares.

191. — Les $\frac{2}{3}$ d'un champ sont plantés en froment, le $\frac{1}{4}$ en vignes et le reste en pommes de terre. La 2ᵉ partie surpasse la 3ᵉ de 8 ares 4 centiares. On demande l'étendue de chaque parcelle. .

Brevet élémentaire. — Aix, 1878.

Réponse. — Il y a en froment 32ᵃ,16; en vignes 12ᵃ,06; en pommes de terre 4ᵃ,02.

192. — Un homme avait un tonneau de bière. Il en a bu le tiers; puis un accident a fait couler la moitié du reste. En vidant ce qui restait encore, on a trouvé 35 litres. Calculer la capacité du tonneau et la valeur de la bière perdue, au prix de 17 francs l'hectolitre.

Certificat d'études primaires. — Ardennes, 1878.

Réponse. — Capacité du tonneau 99 litres; perte de 5ᶠ,61.

193. — Un ouvrier dépense le tiers de ce qu'il gagne pour sa nourriture, le 8ᵉ pour son habillement et son logement et le 10ᵉ en menus frais. Il économise à la fin de l'année 318 fr. Combien gagne-t-il par an?

Concours cantonal. — Aisne.

Réponse. — Gain annuel de 720 fr.

194. — Un marchand a un tonneau plein de vin du prix de 80 centimes le litre. Il vend un jour les $\frac{2}{3}$ des $\frac{5}{8}$ du tonneau; le lendemain il en vend pour 7ᶠ,20 de plus que la veille et il ne lui reste plus que le demi-quart du tonneau. Calculer la capacité du tonneau.

Brevet élémentaire. Aspirants.

Réponse. — La capacité du tonneau est de 216 litres.

195. — Un père et son fils travaillent à un ouvrage qu'ils peuvent faire ensemble en 15 jours. Ils travaillent d'abord 6 jours ensemble, puis le fils achève tout l'ouvrage en 30 jours. Combien de temps le père et le fils auraient-ils employé séparément à faire l'ouvrage?

Brevet élémentaire. Aspirants.

Réponse. — Le père en 21ʲ,3; le fils en 50 jours.

196. — Un réservoir d'une capacité de 6000 litres est alimenté par deux fontaines. L'une verse 1 hectolitre en 1 heure et demie; l'autre 2 hectolitres en 4 heures et demie. On les fait couler ensemble. Quel temps leur faut-il pour remplir le réservoir supposé vide ?

Brevet élémentaire. Aspirants. — Paris 1880.
Réponse. — 54 heures.

197.— On a vendu successivement d'une pièce de drap $\frac{1}{5}$, $\frac{3}{17}$, $\frac{1}{4}$
et il reste 10^m,65. On demande la longueur de la pièce entière et la somme produite par chaque vente, le prix du mètre étant de 10^f,75.

Brevet élémentaire. Aspirants. — Juillet 1881.
Réponse. — Longueur de la pièce 28^m,50.
    Produit de la 1re vente 61^f,27 ; de la 2e 54^f,07 ;
    de la 3e 76^f,59 ; de la 4e 114^f,44.

198. — Une personne avait une certaine somme. Elle en a dépensé $\frac{1}{3}$ pour acheter de la toile à 2^f,25 le mètre ; elle a employé $\frac{2}{5}$ du reste pour avoir du drap à 12^f,75 le mètre, et avec ce qui lui est resté, elle a pu couvrir le prix de 225 litres de vin à 54 francs l'hectolitre. Combien a-t-elle reçu de mètres de toile et de mètres de drap ?

Brevet élémentaire. Aspirantes. — Juillet 1880.
Réponse. — 45 mètres de toile ; 6^m,35 de drap.

199. — Dans une école de trois classes où la rentrée vient d'être faite, les $\frac{2}{5}$ des enfants savent lire, écrire et compter ; les $\frac{2}{3}$ du reste savent lire et écrire ; les autres, au nombre de 60, ne savent rien. Trouver le nombre des enfants de l'école, le nombre des enfants de chaque classe ; combien il y en a pour 100 qui savent lire, écrire et compter, qui savent lire et écrire, qui ne savent rien.

Admission à l'École normale d'institutrices de la Seine. — 1875.
Réponse. — Nombre total des élèves 300.
    120 dans la 1re ; 120 dans la 2e ; 60 dans la 3e.
    40 $^0/_0$ dans la 1re et dans la 2e ; 20 $^0/_0$ dans la 3e.

200. — Une pompe destinée à élever l'eau pour le service d'une usine met 10 heures 25 minutes pour remplir le réservoir, quand elle fonctionne bien. Par suite d'un accident, le rendement de cette pompe se trouve diminué d'un tiers, au moment où le bassin

ne contient encore que le quart de l'eau qu'il doit contenir. Combien faudra-t-il de temps ce jour-là pour remplir le réservoir?

Brevet élémentaire. Aspirantes. — Paris, 1880.

Réponse. — Il faudra 14 heures 19 minutes.

201. — Un marchand vend une pièce de toile en trois fois. Le 1er coupon est les $\frac{2}{7}$ de la pièce; le 2e est formé des $\frac{4}{5}$ du reste et le 3e coupon, qui a une longueur de 8 mètres, est vendu 22 fr. Le marchand fait dans chacune de ces ventes un bénéfice de 10 %.

Trouver : 1° combien de mètres contenait la pièce ; 2° le prix total de vente ; 3° le prix d'achat.

Brevet élémentaire. Aspirantes. — Ardennes, 1878.

Réponse. — Longueur de la pièce 56 mètres.
            Prix de vente 154 fr. Prix d'achat 140 fr.

202. — On a vendu deux champs au prix de 3400 fr. l'hectare. Le 1er qui n'a que les $\frac{2}{3}$ des $\frac{5}{6}$ de l'étendue du 2e a coûté 1240 fr. de moins. Quelle est la superficie de chacun?

Brevet élémentaire. Aspirants.

Réponse. — Surface du 1er 45ᵃ,58 ; du 2e 82ᵃ,05.

203. — Une institutrice a dépensé dans une année le tiers de ses appointements pour sa nourriture, le quart pour son entretien, le chauffage et l'éclairage, la 7e partie pour des objets divers. Avec le surplus elle a acheté 9 fr. de rente $4\frac{1}{2}$ % au cours de 103ᶠ,50.

Quels étaient ses appointements?

Brevet élémentaire. Aspirantes. — Besançon, 1879.

Réponse. — Appointements de 756 fr.

204. — Trois personnes se sont associées pour placer dans une entreprise une somme d'argent, qui s'est augmentée du quart de sa valeur et est ainsi devenue 60 500 fr. On demande quelle sera la part de chaque personne dans le bénéfice, en sachant que la 1re personne avait déposé les $\frac{3}{8}$ de la somme, la 2e les $\frac{2}{5}$ et la 3e le reste.

Brevet élémentaire. Aspirants. — Aisne, 1879.

Réponse. — Part de la 1re personne 4537f,5o.
　　　　Part de la 2e personne 484o fr.
　　　　Part de la 3e personne 2722f,5o.

205. — Si au double d'un nombre on ajoute le tiers de ce nombre et qu'on en retranche le 7e, on trouve 15 $\frac{1}{3}$. Quel est ce nombre ? Vérifier le résultat obtenu.

Brevet élémentaire. Aspirants. — Douai, 1872.
Réponse. — Le nombre est 7.

206. — Il reste 47 400 francs à une personne qui a disposé du $\frac{1}{4}$ de sa fortune, des $\frac{2}{7}$ et des $\frac{3}{11}$. A quelle somme s'élevait cette fortune?

Brevet élémentaire. Aspirants. — Nancy, 1871.
Réponse. — La fortune était de 247 444 francs.

207. — La somme des $\frac{3}{8}$ et des $\frac{11}{12}$ d'un nombre est inférieure de 17 $\frac{1}{3}$ au double de ce nombre. Calculer ce nombre.

Brevet élémentaire. Aspirants. — Douai, 1871.

Réponse. — Le nombre est 24 $\frac{8}{17}$.

208. — En passant de la température de zéro à 1 degré, une barre de fer s'allonge de $\frac{1}{7970o}$ de sa longueur. Quelle sera à 3o degrés la longueur d'une barre de fer qui à zéro est longue de 10m$\frac{5}{6}$?

Nota. — On fera les calculs sans réduire les fractions ordinaires en fractions décimales et l'on exprimera le résultat par un nombre entier accompagné d'une fraction ordinaire.

Brevet supérieur. Aspirantes. — Digne, 1879.

Réponse. — La longueur demandée est 10m$\frac{8009}{9564}$.

209. — Un champ de forme rectangulaire a 120 mètres de longueur et 98 mètres de largeur. Les $\frac{2}{5}$ de sa superficie sont cultivés en blé; $\frac{1}{7}$ en seigle; $\frac{3}{19}$ en sarrazin et le reste en maïs. Exprimer en ares et centiares la superficie de chacune de ces parties; dire combien le champ rapporte par an, en sachant que la partie ense-mencée en maïs donne un bénéfice brut de 400 francs. En outre la production d'un hectare en maïs vaut celle de 97ª,8 en blé, ou de 103ª,32 en seigle, ou de 127ª,05 en sarrazin.

Brevet élémentaire. Aspirantes. — Montpellier.

Réponse. — On a cultivé : en blé 47ª,04; en seigle 16ª,80 ; en sarrazin 18ª,568; en maïs 35ª,198.

Le produit du champ a été de 2033ᶠ,89.

210. — La 5ᵉ partie d'un bassin étant remplie, on ouvre le robinet d'une fontaine qui en coulant seule le remplirait en 5ʰ $\frac{3}{11}$, s'il était vide. On fait fonctionner en même temps une pompe qui retire l'eau du bassin et qui le viderait en 9ʰ $\frac{2}{3}$, s'il était plein et si elle agissait seule. Au bout de combien de temps le bassin sera-t-il complètement rempli ?

Brevet élémentaire. Aspirantes. — Poitiers, 1879.

Réponse. — Au bout de 9 heures 17 minutes.

211. — Un marchand a vendu une certaine quantité de sucre en trois lots. Le 1ᵉʳ, qui est les $\frac{2}{7}$ de cette quantité, a été vendu avec un bénéfice de 6ᶠ,50 ; le 2ᵘ, qui est les $\frac{3}{4}$ du reste, a été vendu avec un bénéfice de 8ᶠ,25, et sur le reste, qui pèse 10 kilogrammes, on a perdu 4 francs. La vente totale a rapporté 122ᶠ,75.

On demande : 1° le poids total du sucre; 2° le prix d'achat ; 5° le gain moyen fait par kilogramme.

Brevet élémentaire. Aspirants. — Aisne, 1875.

Réponse. — Poids du sucre 56 kilogr. Prix d'achat 112 fr.

Bénéfice moyen par kilogr. 19 centimes.

212. — D'un fût de vin coûtant 145 francs on cède les $\frac{2}{5}$ à

72 centimes le litre et les $\frac{5}{8}$ à 70 centimes le litre. Le reste vendu à 68 centimes a produit 56^f,72. Calculer le bénéfice total, le bénéfice pour cent et la contenance du fût.

Brevet de sous-maîtresse. — Paris, 1879.

Réponse. — La contenance du fût est de 240 litres.

Le bénéfice total est 25^f,84 ou 16,44 %.

213. — Un marchand a acheté un certain nombre de kilogrammes de marchandises en plusieurs fois, savoir : les $\frac{2}{7}$ de ce nombre à raison de 1^f,15 le kilogr.; les $\frac{5}{8}$ du même nombre à raison de 1^f,20 le kilogr., et le reste, qui est de 4 kilogr. 375 grammes à 1^f,37.

Quelle a été la dépense du marchand, et combien doit-il revendre l'hectogramme pour gagner 17^f,50 sur la totalité de sa marchandise ?

Certificat d'études primaires. — Var, 1880.

Réponse. — Le marchand a dépensé 16^f,05.

Il revendra l'hectogramme 26 centimes.

214. — Un bassin pouvant contenir 8 hectolitres reçoit par heure 75 litres $\frac{5}{4}$ par un 1er robinet; 86 litres $\frac{2}{3}$ par un 2e, et il perd 64 litres $\frac{4}{5}$ par un 3e. On ouvre les trois robinets ensemble.

Trouver au bout de combien de temps le bassin sera rempli.

Certificat d'études primaires. — Paris, 1881.

Réponse. — Au bout de 8^{h}11^{m}43^s.

215. — Une 1re fontaine coulant seule remplirait un bassin en 5 heures et demie; une 2e le remplirait en 3^h$\frac{1}{7}$; une 3e en 4^h$\frac{1}{3}$.

En combien de temps auront-elles rempli le bassin en coulant ensemble et quelle fraction de ce bassin chacune d'elles aura-t-elle remplie ?

Brevet élémentaire. Aspirantes. — Ardennes, 1878.

Réponse. — Elles le remplissent en 1^{h}11^m,8.

Fractions du bassin remplies :

par la 1re $\frac{572}{1671}$; par la 2^e $\frac{637}{1671}$; par la 3^e $\frac{462}{1671}$.

216. — Un minerai contient $\frac{4}{27}$ de son poids de fer et il se produit une perte de 7 % sur le fer dans la fonte. Quel nombre de tonnes de minerai emploie-t-on annuellement pour obtenir chaque jour 7 tonnes $\frac{2}{5}$ de fer, le nombre des jours de travail dans l'année étant 310 ?

Brevet élémentaire. Aspirantes.

Réponse. — 16 650 tonnes de minerai.

217. — Deux personnes ont le même revenu annuel. La 1re économise chaque année la 5e partie de son revenu et la 2e dépense 800 francs de plus que l'autre. Il en résulte qu'au bout de 3 ans la 2e a 852 francs de dettes. Quel est leur revenu ?

Brevet élémentaire. Aspirantes. — Aisne, 1878.

Réponse. — Revenu annuel de 2580 francs.

218. — Un cultivateur a de la graine de trèfle de deux qualités, la 1re coûtant 152 fr. et l'autre 122 fr. les 104 kilogrammes. Il ensemence les $\frac{2}{5}$ d'une prairie avec la 1re qualité et le reste de la prairie avec la 2e et il emploie ainsi pour 90 francs de graine. Calculer la surface de la prairie, en sachant qu'il a fallu 30 kilogrammes de graine par hectare.

Brevet élémentaire. Aspirants. — Paris, 1876.

Réponse. — La prairie a 2 hectares 52 ares 83 centiares.

219. — Les $\frac{242}{363}$ des $\frac{48}{80}$ des $\frac{295}{294}$ des $\frac{78}{91}$ d'un nombre valant 84 ; quel est ce nombre ?

Combien faut-il lui ajouter pour obtenir les $\frac{152}{308}$ des $\frac{567}{324}$ de 1560 ?

Brevet élémentaire. Aspirants. — Charente-Inférieure, 1880.

Réponse. — Le nombre demandé est $244\frac{10}{59}$.

Le nombre à ajouter au 1er est $925\frac{49}{59}$.

220. — Deux femmes sont employées à faire un tapis hexagonal, en cousant ensemble 6 triangles équilatéraux de 2 mètres de côté chacun. La 1re seule pourrait, en travaillant bien, terminer ce travail en 24 heures ; mais elle ne fait jamais que $\frac{1}{7}$ de ce qu'elle pourrait faire. La 2e. seule pourrait faire ce travail en 30 heures ; mais elle ne fait jamais que les $\frac{3}{11}$ de ce qu'elle pourrait faire.

Trouver le nombre d'heures que ces deux femmes emploieront pour faire cet ouvrage en travaillant ensemble et combien chacune aura cousu de mètres.

Brevet supérieur. Aspirantes. — Melun, 1876.

Réponse. — Ensemble elle mettront 66 heures 28 minutes.
La 1re aura cousu 4m,75 ; la 2e 7m,25.

CHAPITRE III

Règles et conseils.

RÈGLES. — 1° Pour calculer la surface d'un rectangle ou d'un carré, on multiplie entre eux les deux nombres qui expriment la longueur et la largeur, ou comme on dit ordinairement, on multiplie la longueur par la largeur.

Si l'unité de longueur est le mètre, le produit exprime des mètres carrés ; si l'unité de longueur est le décimètre, le produit exprime des décimètres carrés, etc.

2° Pour trouver un côté d'un rectangle, quand on connaît l'autre côté et la surface, on divise le nombre qui exprime la surface par le nombre qui exprime la longueur du côté connu, ou comme on dit ordinairement, on divise la surface par la longueur.

Mais avant de commencer la division, on doit convertir en mètres carrés le nombre qui exprime la surface, lorsque le côté connu est évalué en mètres ; le quotient est alors un nombre de mètres.

CONSEILS. — 1° Ne dites pas dans les calculs relatifs aux surfaces : *Je multiplie 8 mètres par 24 mètres*, ou *je divise 24 mètres carrés par 8 mètres*, ce qui n'a pas de sens, mais seulement : *Je multiplie 8 par 3 ; je divise 24 par 8.*

2° N'employez pas les mots *mètre, décimètre*, qui désignent des longueurs, pour *mètre carré, décimètre carré*, qui désignent des surfaces, comme on le fait trop souvent.

3° Ne faites jamais usage de cette abréviation m^2, que certains auteurs ont à tort mise en vogue, pour indiquer le mètre carré. La seule abréviation raisonnable est *mq* (la lettre *q* étant l'initiale du mot *quarré* qui s'écrit aujourd'hui *carré*); on réserve *mc* pour désigner le mètre cube.

4° Lorsqu'il s'agit de surfaces peu étendues, prenez une unité plus petite que le mètre, afin de ne pas charger les nombres de zéros inutiles.

Par exemple, s'il s'agit de calculer la surface d'une ardoise rectangulaire ayant 243 millimètres de longueur et 125 de largeur, il ne faut pas écrire 0,243 × 0,125, mais 243 × 125, en prenant le millimètre pour unité, ou 24,3 × 12,5 en prenant le centimètre pour unité.

On a ainsi pour la surface cherchée

$$243 \times 125 = 30375^{mmq},$$

ou

$$24,3 \times 12,5 = 303^{cmq},75.$$

PROBLÈMES.

221. — On achète pour une robe 9 mètres et demi d'une pièce de soie qui a $\frac{3}{5}$ de mètre de longueur. Combien faudra-t-il de mètres de percaline ayant 75 centimètres de large pour doubler cette robe?

Certificat d'études primaires. — Paris, 1878.
Réponse. — Il faudra 7ᵐ,6 de doublure.

222. — Deux jardins rectangulaires ont la même surface. La longueur du 1ᵉʳ est de 78ᵐ,4 et sa longueur de 59ᵐ,6. La longueur du 2ᵉ étant de 61ᵐ,8, calculer sa largeur.

Certificat d'études primaires. — Paris, 1877.
Réponse. — La largeur du 2ᵉ est de 75ᵐ,60.

223. — On veut faire le plancher d'une chambre rectangulaire avec des planches de 1ᵐ,70 de long sur 10 centimètres de large; la chambre a 5ᵐ,24 de longueur et 4ᵐ,75 de largeur. Combien faudra-t-il employer de planches, et quel sera le prix de ce plancher, en supposant que 65 centimes soient le prix d'un 9ᵉ de mètre carré?

Certificat d'études primaires. — Maine-et-Loire, 1880.

Réponse. — Nombre de planches 147.
    Prix du plancher 145^f,60.

224. — On veut faire tapisser une chambre qui a 6^m,15 de long, 4^m,45 de large et 3^m,10 de haut. On emploie pour cela du papier gris dont le mètre carré tout collé coûte 6 centimes, et du papier de tenture dont le mètre carré revient de même à 35 centimes. Quelle sera la dépense totale?

On paie comptant, et le tapissier fait une remise de 2,5 %; quelle est la somme à payer?

Brevet élémentaire. Aspirantes. — Paris, 1876.

Réponse. — On aura à payer 26^f,27.

225. — Un tapis de 4 mètres de long et de 3^m,25 de large coûte 18^f,50 le mètre carré. Pour le doubler, on emploie une étoffe qui a 70 centimètres de largeur. La dépense totale ayant été de 286 fr., quel est le prix du mètre linéaire de cette étoffe?

Brevet élémentaire. Aspirantes. — Mars 1881.

Réponse. — Le prix du mètre linéaire est de 2^f,45.

226. — Combien faudrait-il de mètres en longueur d'un papier peint ayant 60 centimètres de largeur, pour couvrir les murs d'une chambre ayant 6 mètres de long, 4^m,40 de large et 3^m,20 de haut, si la surface totale des vides est de 8 mètres carrés?

Certificat d'études primaires. — Paris, 1879.

Réponse — Longueur du papier à acheter 97^m,60.

227. — Un tapis de 6^m,75 de long sur 4^m,60 de large a été acheté à raison de 14^f,25 le mètre carré. Pour le doubler on a pris une étoffe de 85 centimètres de large, coûtant 1^f,40 le mètre courant. Quelle somme a déboursée l'acheteur, si en payant comptant il a obtenu une remise de 3 % sur le montant de la facture?

Admission à l'École normale d'instituteurs à Ajaccio. — 1879.

Réponse. — La somme déboursée est de 478^f,80.

228. — Une chambre rectangulaire a 4^m,75 de longueur et 3^m,90 de largeur. Combien faudrait-il de mètres de moquette de 65 centimètres de largeur pour un tapis qui couvrirait entièrement le parquet de cette chambre?

Que coûterait ce tapis à 4^f,25 le mètre de moquette, si le marchand faisait une remise de 2 et demi pour cent?

Brevet de sous-maîtresse. — Paris, 1880.

Réponse. — 28^m,50 de moquette. Dépense de 118^f,10.

229. — On veut tapisser une chambre ayant 4ᵐ,50 en longueur, 3ᵐ,6 en largeur et 3 mètres en hauteur. Quelle sera la dépense, si l'on emploie du papier valant 3 francs le rouleau? Le rouleau a 8 mètres de long et 60 centimètres de large ; les portes, les fenêtres et la cheminée forment un 6ᵉ de la surface totale.

Certificat d'études primaires. — Sceaux, 1880.

Réponse. — La dépense sera de 25ᶠ,29.

230. — Un champ de forme rectangulaire a 239ᵐ,7 de longueur et 174ᵐ,8 de largeur. On demande sa superficie en hectares, ares et centiares.

Quelle dépense aurait-on à faire pour répandre sur ce champ 3 litres et demi de chaux par mètre carré, si la chaux coûte 8ᶠ,75 le mètre cube?

Brevet élémentaire. Aspirants. — Vendée, 1878.

Réponse. — La surface a 4 hectares 18 ares 99 centiares et demi. La dépense de chaux sera de 1283ᶠ,17.

231. — Un are de terrain produit en moyenne 17 litres de blé. Une pièce de terre carrée ayant 19 décamètres de côté, quel sera son produit moyen en blé? Quelle sera la valeur de ce blé à 29 fr. le quintal, si l'hectolitre pèse 76 kilogrammes?

Certificat d'études primaires. — Eure-et-Loir, 1880.

Réponse. — Produit en blé 61 hectolitres 57 litres. Valeur de la récolte 1352ᶠ,60.

232. — On emploie des carreaux carrés de 16 centimètres de côté pour paver une salle rectangulaire, dont la longueur est de 6ᵐ,80 et la largeur les $\frac{4}{5}$ de la longueur. Le mille de carreaux coûtant 65 francs et la main-d'œuvre 75 centimes par mètre carré, à combien s'élèvera la dépense totale?

Certificat d'études primaires. — Côte d'Or, 1880.

Réponse. — La dépense totale sera de 121ᶠ,67.

233. — Pour paver une rue de 126 mètres de long et de 12 mètres de large, on a employé 51 219 pavés de grès. Combien en emploiera-t-on pour paver une rue de 184 mètres de long sur 15 mètres de large?

Certificat d'études primaires. — Loire, 1880.

Réponse. — 93 495 pavés.

234. — On veut paver un corridor rectangulaire avec des brique

4.

ayant la forme d'un rectangle de 25 centimètres de longueur et de 20 centimètres de largeur. Quelle est la longueur du corridor, s'il a 4^m,70 de largeur et si l'on doit employer 1175 briques?

Brevet de sous-maîtresse. — Paris, 1880.

Réponse. — La longueur est de de 12^m,50.

235. — Pour couvrir un toit, on emploie des tuiles plates rectangulaires de 25 centimètres de longueur sur 17 de largeur. Le toit est à deux pentes, et chaque partie a la forme d'un rectangle de 14 mètres de longueur sur 6^m,25 de hauteur. Les tuiles en se recouvrant perdent $\frac{2}{5}$ de leur surface. Combien faudra-t-il de tuiles pour couvrir ce toit?

Brevet élémentaire. Aspirantes. — Rennes.

Réponse. — Il faudra 6 865 tuiles.

236. — Une portière doit couvrir une porte de 2^m,20 de hauteur sur 0^m,95 de largeur. A cause des plis, la largeur de la portière doit être plus grande que celle de la porte des 0,3 de la largeur de cette dernière. Combien faut-il de mètres d'étoffe, si cette étoffe a 0^m,60 de largeur?

Brevet élémentaire. Aspirantes. — Paris, 1881.

Réponse. — 4^m,53.

237. — Le plâtre vaut 2^f,50; le sel 18 fr. et le guano 45 fr. les 100 kilogrammes. On mélange ces matières à poids égal pour en faire un engrais; on en met 200 kilogrammes par hectare. Quelle sera la dépense pour amender un champ rectangulaire ayant 158 mètres de longueur sur 50^m,4 de largeur?

Certificat d'études primaires. — Rhône, 1881.

Réponse. — La dépense sera de 50^f,57.

238. — Une chambre a 4^m,75 de longueur, 3^m,50 de largeur et 3^m,40 de hauteur; il s'agit de la tapisser avec des rouleaux de papier ayant 0^m,50 de largeur sur 6^m,20 de longueur. On demande combien il faudra de ces rouleaux, en sachant que la pièce a deux fenêtres de 1^m,15 de largeur sur 2^m,75 de hauteur et une porte ayant la même largeur et 3^m,20 de hauteur. On demande en outre quelle sera la dépense, si le papier tout posé revient à 0^f,75 le mètre carré et la bordure mise en haut et en bas à 0^f,15 le mètre de longueur.

Brevet élémentaire. Aspirants. — Clermont, 1871.

Réponse. — Le nombre de rouleaux à acheter est 15.
La dépense totale sera de 39 francs.

239. — Avec 13 kilogrammes 75 décagrammes de fil on a fabriqué une pièce de toile ayant 65 mètres de longueur sur 1^m,12 de largeur. Combien faudra-t-il de kilogrammes du même fil pour fabriquer une toile de 41 mètres de longueur sur 1^m,24 de largeur ?

Brevet élémentaire. Aspirantes. — Paris, 1877.

Réponse. — 9 kilogrammes 602 grammes de fil.

240. — Un propriétaire veut carreler une salle rectangulaire de 8^m,9 de longueur sur 5^m,6 de largeur avec des briques ayant 574 centimètres carrés de surface. Calculer la dépense totale, en sachant : 1° que les briques coûtent 36^f,40 le mille ; 2° que l'on donne 4 briques en plus par 100 ; 3° que la pose coûte 1^f,80 par mètre carré ; 4° que l'entrepreneur fait au propriétaire une remise de 1^f,50 pour cent.

Admission à l'École normale de Foix. — 1878.

Réponse. — La dépense totale est de 154^f,29.

241. — Un ouvrier a moissonné un champ ayant 25 décamètres de longueur sur 86 mètres de largeur. On doit le payer en nature à raison de 3 hectolitres de blé de 1re qualité par hectare. Or le propriétaire, ayant vendu tout son blé de 1re qualité, ne peut donner au moissonneur que du blé de 2e qualité. Combien doit-il lui en donner d'hectolitres et de litres, si l'hectolitre de la 1re qualité vaut 23 francs et l'hectolitre de 2e qualité 21^f,50 ?

Certificat d'études primaires. — Haute-Marne, 1880.

Réponse. — On donnera 6 hectolitres 90 litres de la 2e qualité.

242. — Un maraîcher a planté des choux dans un champ rectangulaire de 125 mètres de long et 73^m,50 de large. La récolte a été en moyenne de 4 choux par centiare et il en a retiré une somme de 1286^f,25. On demande : 1° le nombre des choux qui avaient été plantés ; 2° le prix d'un chou ; 3° le bénéfice net, après déduction sur le prix total de $\frac{2}{9}$ pour fermage et contribution plus $\frac{1}{3}$ pour travaux et engrais.

Certificat d'études primaires. — Nord, 1880.

Réponse. — Nombre de choux récoltés 36750.
Prix d'un chou 3 centimes et demi.
Bénéfice net 571^f,66.

243. — Trouver la somme à payer pour faire carreler, avec des briques carrées de 25 centimètres de côté, une salle de classe ayant 10^m,50 de long et 7^m,25 de large, en sachant que les briques coûtent 6^f,20 le cent, que pour 1 mètre carré de carrelage il faut employer 2 décalitres et demi de plâtre coûtant 2 francs l'hectolitre, qu'un maçon aidé d'un manœuvre pose par jour 15 mètres carrés de briques et gagne 5^f,50. Le prix de la journée du manœuvre est les $\frac{3}{5}$ du prix de la journée du maçon.

Certificat d'études primaires. — Arles, 1881.
Réponse. — La dépense totale est de 158^f,24.

244. — Pour tapisser une chambre, on a employé 9 rouleaux et $\frac{2}{5}$ de papier d'une longueur de 0^m,70 et du prix de 3^f,40 le rouleau. Combien aurait-on dépensé, si le même travail avait été exécuté avec du papier de même longueur que le 1er, mais d'une largeur de 0^m,58 et coûtant les $\frac{4}{5}$ de ce que coûtait le 1er, et s'il avait été fait en outre une remise de 3 et demi pour cent ?

Brevet de sous-maîtresse. — Paris, 1877.
Réponse. — Avec le 2e papier on aurait dépensé 29^f,77.

245. — Un homme possède un champ de forme rectangulaire ayant 367 mètres de long et 57 mètres de large; il a ensemencé les $\frac{4}{7}$ en luzerne et le reste en blé. Il compte que 8 ares de luzerne produisent 230 kilogrammes de fourrage, qui se vendent 7^f,50 les 100 kilogrammes, et que 6 ares de blé donnent 85 litres de grain du prix de 22^f,50 l'hectolitre. Quel est le prix total de la récolte ?

Certificat d'études primaires. — Gard, 1878.
Réponse. — Produit total de la récolte 545^f,45.

246. — Une personne fait placer des rideaux à trois fenêtres, savoir : à chacune une paire de rideaux de mousseline ayant 1^m,55 de hauteur et une paire de grands rideaux de perse ayant 2^m,70 de hauteur. La mousseline a précisément la largeur des petits rideaux ; la perse n'a que les 4 cinquièmes de la largeur des grands.

On demande à combien reviendront les rideaux des trois fenêtres, si la mousseline coûte 0^m,90 le mètre et la perse 1^f,20.

Brevet supérieur. Aspirantes. — Besançon.

Réponse. — La dépense totale sera de 32ᶠ,67.

247. — La surface totale de la terre est de 5 099 508 myriamètres carrés. Elle est partagée en cinq zones : deux zones glaciales, deux zones tempérées et une zone torride.

Trouver la superficie en hectares de la zone torride, en sachant que chacune des zones tempérées est les $\frac{13}{50}$ de la surface totale de la terre et que chacune des zones glaciales et les $\frac{2}{13}$ d'une zone tempérée.

Brevet élémentaire. Aspirantes. — Paris, 1877.

Réponse. — La surface de la zone torride a :
20 billions 398 millions 32 mille hectares.

248. — Un champ de forme rectangulaire, ayant 270 mètres de longueur sur 156ᵐ,45 de largeur, a coûté 25 000 fr. à une personne qui l'a revendu par lots.

Pour en faciliter l'accès à l'intérieur, elle y avait fait pratiquer deux allées transversales, perpendiculaires à la longueur et ayant 4ᵐ,50 de largeur; ce travail lui avait occasionné une dépense de 4260 fr.

Les $\frac{2}{3}$ du terrain restant ont été revendus à raison de 135 fr. l'are; le dernier tiers a été cédé au prix de 6 500 fr. Combien cette personne a-t-elle gagné pour cent ?

Brevet élémentaire. Aspirantes. — Rennes, 1877.

Réponse. — Elle a un bénéfice net de 47,81 %.

249. — Un terrain de forme rectangulaire ayant 325 mètres de longueur sur 160 mètres de largeur a produit 495 gerbes de blé par hectare. Il faut 25 gerbes pour fournir 1 hectolitre de grain et 160 kilogrammes de paille. Le fermier vend son blé à raison de 27ᶠ,50 les 100 kilogrammes et la paille à raison de 42 francs les 1000 kilogrammes. D'autre part chaque hectare supporte un loyer de 60 francs et a exigé 120 francs d'engrais et 31ᶠ,50 de semence. Calculer la somme qui représente les bénéfices, l'intérêt des avances et le travail du fermier, en sachant que l'hectolitre de blé pèse 73 kilogrammes 20 grammes.

Brevet élémentaire. Aspirants. — Chambéry, 1876.

Réponse. — La somme demandée est de 1659ᶠ,58.

250. — Entre deux propriétés estimées 2425 francs l'hectare et d'un revenu de 3,25 %, existe un lambeau rectangulaire de terre inculte ayant 16ᵐ,25 de longueur et 1 mètre de largeur, au sujet duquel les deux propriétaires voisins ont plaidé. Il en a coûté 720 francs au perdant et 91 francs au gagnant.

On demande d'après cela : 1° la valeur réelle de ce lambeau ; 2° combien de fois elle a été portée au-dessus de cette valeur par les frais du procès ; 3° ce que coûterait l'hectare à ce taux ; 4° combien il faudra, pour couvrir les frais du procès, que le perdant consacre d'années du revenu de sa propriété, qui a 160 ares 75 centiares.

Brevet élémentaire. Aspirants. — Pas-de-Calais.

Réponse. — Valeur du lambeau 3ᶠ,94.

     Prix pour le gagnant 24 fois la valeur réelle.

     Prix que coûterait l'hectare 58 424ᶠ,61.

     Le perdant emploiera pour couvrir les frais 5 années de son revenu, plus les 68 centièmes du revenu de la 6ᵉ année.

CHAPITRE IV

PROBLÈMES SUR LES VOLUMES.

Règles et conseils.

RÈGLES. — 1° Pour trouver le volume d'un cube ou d'un corps à six faces rectangulaires, on multiplie entre eux les nombres qui expriment les trois dimensions : longueur, largeur et hauteur.

Le résultat est un nombre de mètres cubes, si l'unité linéaire est le mètre ; un nombre de décimètres cubes, si l'unité linéaire est le décimètre, etc.

2° En multipliant la longueur par la largeur, on obtient la surface de la base. On peut donc dire aussi : pour trouver le volume d'un corps à six faces rectangulaires, on multiplie le nombre qui exprime la surface de sa base par celui qui exprime sa hauteur.

3° Pour trouver la hauteur d'un corps rectangulaire dont on connaît le volume et deux des trois dimensions, on divise le nombre qui exprime le volume par le produit des deux dimensions connues.

Si le quotient doit être un nombre de mètres, il faut que le volume soit évalué en mètres cubes et le produit des deux dimensions connues en mètres carrés.

4° Quand on veut obtenir la capacité en litres, il faut prendre le décimètre pour unité, puisque le litre n'est autre chose qu'un décimètre cube.

CONSEILS. — 1° Ne dites pas : *je multiplie 5 mètres par 4 mètres et par 3 mètres ; je divise 60 mètres cubes par 12 mètres carrés, par 5 mètres*, mais seulement : *je multiplie 5 par 4 et par 3 ; je divise 60 par 12, par 5.*

2° N'employez pas les mots *mètre, décimètre*, etc., qui désignent des longueurs, pour *mètre cube, décimètre cube*, etc., qui désignent des volumes.

3° Rejetez cette abréviation m^3, aussi vicieuse que l'abréviation m^2, pour indiquer le mètre cube, qui doit être désigné toujours par *mc*.

4° Lorsqu'il s'agit de volumes assez petits, on doit prendre une unité plus petite que le mètre, afin de ne pas charger les nombres de zéros inutiles.

S'il s'agit par exemple de calculer le volume d'un cube qui a 64 millimètres d'arête, on n'écrira pas

$$0,064 \times 0,064 \times 0,064 = 0,000\ 264\ 144,$$

mais, en prenant le centimètre pour unité,

$$6,4 \times 6,4 \times 6,4 = 264^{cmc},144.$$

PROBLÈMES.

251. — Le bois à brûler provenant des démolitions se vend 35 francs les 1000 kilogrammes. A combien revient le stère de ce bois, si le stère ne pèse que les 0,9 du poids du même volume d'eau?

Brevet élémentaire. Aspirantes. — Paris, 1878.

Réponse. — Prix du stère 31^f,50.

252. — Un marchand vend du bois de chauffage, soit à 15^f,50 le stère, soit à 3^f,80 le quintal métrique. De quel côté est l'avantage pour l'acheteur, si le bois pèse les 0,42 de ce que pèse l'eau ?

Certificat d'études primaires. — Hazebrouck, 1880.

Réponse. — Au stère le prix du quintal revient à 3^f,69.

253. — Un tas de bois à brûler ayant 4^m,25 de long, 3^m,75 de large et 1^m,33 de hauteur est vendu à raison de 11^f,50 le stère pris dans la forêt. A combien revient le tas rendu en ville, si l'on paie 12 francs pour le transport et 65 centimes par stère pour droits d'octroi?

Certificat d'études primaires. — Saône-et-Loire, 1881.

Réponse. — Prix du bois 269^f,54.

254. — On a acheté pour le prix de 11^f,15 une poutre de bois

longue de 2m,70, large de 0m,42, épaisse de 0m,245. On demande
à quel prix revient le décimètre cube du bois de cette poutre.

Brevet élémentaire. Aspirantes. —Paris, 1881.

Réponse. — Prix du décimètre cube 4 centimes.

255. — Les dimensions d'une barre rectangulaire sont : longueur 3m,6 ; largeur 0m,06 ; épaisseur 0m,02. Son poids est de 67
kilogrammes 5 hectogrammes. Combien pèserait une barre du
même métal, longue de 1m,50, large de 0m,048 et ayant 0m,636
d'épaisseur ?

Brevet élémentaire. Aspirants. — Paris, 1879.

Réponse. — Poids de la 2e barre 40 kilogrammes 5 hectogr.

256. — Un marchand de bois a disposé des bûches en forme
d'un parallélipipède rectangle ayant pour dimensions : 15 mètres,
20 mètres et 9 mètres. Combien devrait-il vendre le stère de ce
bois pour que la vente du tas entier pût produire 18 720 francs?

Brevet élémentaire. Aspirants. — Grenoble, 1879.

Réponse. — Le prix de vente du stère serait de 8 francs.

257. — Une cour de forme rectangulaire a 14 mètres de longueur sur 8m,75 de large et elle doit être recouverte d'une couche
de gravier de 3 centimètres d'épaisseur. On demande combien il
faudra de mètres cubes de gravier et quelle sera la dépense, si le
tombereau contenant 735 décimètres cubes de gravier coûte 2f,65.

Brevet élémentaire. Aspirantes. —Juillet 1881.

Réponse. —Volume du gravier 5 mètres cubes.

Dépense 13f,25.

258. — Une salle de conférence a 20 mètres de longueur sur
15 mètres de largeur et 5m,80 de hauteur ; 550 personnes s'y réu-
nissent ordinairement. On voudrait que le volume d'air fût de
4 mètres cubes par personne. De combien faut-il élever le plafond?

Brevet élémentaire. Aspirantes. — Juillet 1881.

Réponse. — On élèvera le plafond de 86 centimètres.

259. — En admettant que Paris ait la surface d'un rectangle
de 8 kilomètres de longueur sur 10, évaluer en tonnes la quantité
de neige dont il a fallu débarrasser le sol en décembre dernier,
en sachant que la neige tombée eût représenté fondue une hauteur de 12 centimètres d'eau.

Brevet élémentaire. Aspirantes. — Paris, 1881.

Réponse. — 9 600 000 tonnes de neige.

5

260. — La feuille d'étain, qui enveloppe 500 grammes de chocolat, a 28 centimètres de long sur 25 de large et pèse 4^{gr},9. Trouver l'épaisseur de cette feuille, en sachant que l'étain pèse 7 fois autant que l'eau sous le même volume.

Admission à l'École normale de la Seine. — 1879.

Réponse. — L'épaisseur est d'un 100ᵉ de millimètre.

261. — Un marchand achète 625 stères de bois, à raison de 12^f,25 le stère et il paie pour le transport et le sciage 3750 francs. Il revend sa provision à raison de 5^f,15 le quintal métrique. On demande quel est son bénéfice, en sachant que ce bois pèse 0,82 du poids de l'eau sous le même volume.

Brevet élémentaire. Aspirantes. — Chambéry.

Réponse. — Le bénéfice est de 4737^f,50.

262. — Un bassin rectangulaire a 5^m,85 de longueur, 4^m,15 de largeur et 2^m,15 de profondeur. Lorsqu'il est plein d'eau, on ouvre un robinet qui le vide en 2 heures 3 quarts. Combien ce robinet laisse-t-il écouler de litres d'eau par minute ?

Certificat d'études primaires. — Seine-Inférieure, 1881.

Réponse. — Par minute 316 litres 5 décilitres.

263. — Une caisse a en longueur 1^m,17, en largeur 1^m,04 et en profondeur 0^m,90. Combien pourra-t-on y loger de pains de savon, à base carrée, ayant 0^m,13 de côté et 0^m,29 d'épaisseur, les $\dfrac{3}{25}$ de la caisse devant être réservés pour l'emballage ?

Brevet élémentaire. Aspirantes. — Paris, 1879.

Réponse. — 196 pains.

264. — Un bassin à base rectangulaire a 3^m,25 de long et 2^m,69 de large. On y verse 30 fois l'eau qui remplit un tonneau de 5 hectolitres 21 litres de capacité. Quelle hauteur cette eau aura-t-elle dans le bassin ?

Certificat d'études primaires. — Hazebrouck, 1880.

Réponse. — La hauteur de l'eau sera 1^m,101.

265. — Une citerne carrée a un fond de 1^m,40 de côté et une profondeur de 4 mètres ; elle est remplie d'eau aux $\dfrac{2}{7}$. Combien faut-il y introduire d'hectolitres d'eau, pour que la hauteur de la surface de l'eau au-dessus du fond s'accroisse du quart de ce qu'elle était ?

Certificat d'études primaires. — Ardennes, 1877.

Réponse. — On y versera 560 litres.

266. — L'usine à gaz de la Villette reçoit par jour en moyenne 720 tonnes de charbon. Pendant combien de temps faudra-t-il accumuler ce charbon (en tas rectangulaire) pour couvrir 1 hectare et demi de superficie sur une hauteur de 22 mètres (ce sont les dimensions de la capacité intérieure de la cour du Louvre), si le mètre cube de charbon pèse 970 kilogrammes ?

Brevet élémentaire. Aspirantes. — Paris, 1880.

Réponse. — Pendant 445 jours.

267. — Un champ de 3 hectares 9 ares a été recouvert d'une couche de neige de 35 centimètres d'épaisseur. On demande : 1° le volume de cette neige; 2° le poids de l'eau résultant de sa fusion, si un litre de cette neige pèse 780 grammes; 3° quelle aurait dû être l'épaisseur de la neige, pour que son poids fût de 10 000 tonnes ?

Brevet élémentaire. Aspirantes. — Paris, 1881.

Réponse. — 1° Volume de la neige 10 815 mètres cubes.

2° Poids de l'eau 8 435 700 kilogrammes.

3° Épaisseur demandée 41 centimètres et demi.

268. — Une fontaine fournit 3 litres 75 centilitres d'eau par seconde. En combien de temps remplira-t-elle un réservoir dont la longueur est 3ᵐ,25, la largeur 2ᵐ,15 et la profondeur 0ᵐ,75 ?

Certificat d'études primaires. — Savoie, 1880.

Réponse. — 25 minutes 17 secondes.

269. — Un marchand a acheté 375 doubles-stères de bois à brûler, qui lui coûtent 10 875 francs. Combien doit-il revendre le quintal pour gagner 10 % sur le prix d'achat, en admettant que le stère de bois pèse 375 kilogrammes ?

Certificat d'études primaires. — Charente, 1880.

Réponse. — Prix de vente du quintal 4ᶠ,25.

270. — On fait établir un chemin ayant 3 hectomètres 8 mètres de longueur sur 6 mètres de largeur. La chaussée qui doit être empierrée, a 3 mètres de largeur. Trouver combien coûtera ce chemin, en sachant que le terrain coûte 950 fr. l'hectare; que le caillou répandu sur une épaisseur uniforme de 20 centimètres revient à 5ᶠ,50 le mètre cube rendu et posé, et que la construction du chemin revient à 250 fr. le kilomètre.

Certificat d'études primaires. — Meurthe-et-Moselle, 1880.

Réponse. — La dépense totale s'élèvera à 1268ᶠ,96.

271. — Deux robinets, versant l'un 50 centilitres et l'autre

17 centilitres d'eau par seconde, sont ouverts pendant 4 heures
25 minutes, et l'eau tombe dans un bassin rectangulaire ayant
6ᵐ,58 de longueur, 3ᵐ,50 de largeur et 1ᵐ,65 de profondeur. A
quelle hauteur s'élève l'eau dans le bassin ?

Brevet élémentaire. Aspirants.

Réponse. — Hauteur de l'eau 19 centimètres 6 millimètres.

272. — On a constaté, à l'Observatoire de Montsouris, qu'il
est tombé, au mois de décembre 1878, sur une surface d'un mètre
carré en 44 heures, une quantité de neige qui a donné 24ˡⁱᵗ,849
d'eau. Évaluer d'après cela le poids, le volume et la hauteur de
la neige tombée en 24 heures à Paris, en sachant que la superficie
de cette ville est de 78 kilomètres carrés, et que le volume de
l'eau est les $\frac{4}{27}$ de la neige qui la produit. On suppose que pendant les 44 heures la neige est tombée avec une égale intensité.

Brevet supérieur. Aspirants. — Nancy, 1879.

Réponse. — Poids 1 057 212 tonnes.

Volume 12 422 241 mètres cubes.

Hauteur de la neige 16 centimètres.

273. — Pour construire un mur ayant 25 mètres de longueur,
une hauteur de 1ᵐ,80 (y compris les fondations) et une largeur
de 0ᵐ,70, on emploie des pierres coûtant 3ᶠ,30 le mètre cube,
prises à la carrière, et dont le transport revient à 1ᶠ,25 par tombereau de 5 hectolitres. Les ouvriers employés à la construction
sont au nombre de 6 ; ils travaillent 15 jours et reçoivent 3ᶠ,25
par jour. Combien coûte ce mur ?

Brevet élémentaire. Aspirantes. — Paris, 1878.

Réponse. — La dépense totale est de 2119ᶠ,50.

274. — Un maçon doit construire un mur ayant 82ᵐ,25 de longueur, 2ᵐ,10 de hauteur et 0ᵐ,40 d'épaisseur, à raison de 3ᶠ,20 le
mètre cube pour la main-d'œuvre. Il compte employer pour cette
construction un ouvrier et un manœuvre travaillant avec lui. Il
demande dans combien de jours le travail devra être fait pour que
la journée du maître revienne à 3ᶠ,75, celle de l'ouvrier à 3 fr.
et celle du manœuvre à 2ᶠ,25.

Certificat d'études primaires. — Gard, 1878.

Réponse. — 24 jours et demi.

275. — Une boîte a 0ᵐ,148 de largeur, 0ᵐ,185 de longueur et
0ᵐ,040 de profondeur. On y range par piles verticales des pièces

de cinq francs en argent, dont le diamètre a 0^m,037 et l'épaisseur 0^m,0025. Trouver : 1° combien la boîte peut contenir de ces pièces ; 2° quel est en millimètres cubes le vide qui reste dans la boîte entre les piles. On sait qu'un décimètre cube de l'alliage monétaire pèse 10 kilogrammes 280 grammes.

Brevet élémentaire. Aspirants. — Alger, 1879.

Réponse. — La boîte peut contenir 325 pièces.
         Il reste un vide de 316^{cmc} 990 millimètres cubes.

276. — Un marchand a acheté pour la somme de 4000 francs le bois de chauffage qui remplit aux 2 tiers un magasin, dont les trois dimensions sont 5 mètres, 7 mètres et 9 mètres. Combien doit-il vendre 5400 kilogrammes de ce bois, pour faire dans cette vente un bénéfice de 12 %. Le centimètre cube de ce bois pèse 68 centigrammes (1).

Brevet élémentaire. Aspirantes. — Ardennes, 1877.

Réponse. — La somme à retirer est de 169^f,41

277. — Quand un corps flotte, son poids est égal au poids du liquide qu'il déplace. Une pièce de bois équarrie, ayant 4^m,50 de long sur 0^m,75 de large et 0^m,25 d'épaisseur, flotte sur l'eau, en enfonçant de 0^m,18. Trouver le volume de l'eau déplacée et le poids de la pièce de bois. Trouver ensuite le volume de là pièce de bois, le poids d'un mètre cube, le poids d'un décimètre cube.

Certificat d'études primaires. — Alpes-Maritimes, 1879.

Réponse. — Volume d'eau déplacée 607 décim. cubes et demi.
         Poids de la pièce de bois 607 kilogr. 5. hectogr.
         Poids du mètre cube 720 kilogrammes.
         Poids du décimètre cube 720 grammes.

278. — Une pièce de bois de sapin longue de 3^m,25, large de 0^m,32 et épaisse de 0^m,28 a la forme d'un prisme rectangulaire. Le poids spécifique de ce bois est 0,66 (c'est-à-dire le poids de ce bois est les 0,66 de celui du même volume d'eau). On demande : 1° le poids de cette poutre ; 2° de combien elle s'enfoncerait dans l'eau, si on la posait à plat sur l'eau.

Certificat d'études primaires. — Marne, 1881.

Réponse. — Poids de la poutre 192^{Kg},192.
         Elle s'enfoncerait de 185 millimètres dans l'eau.

279. — On veut faire confectionner à un ouvrier une boîte à

---

1. Quand il s'agit du bois de chauffage, il n'est guère raisonnable de faire entrer dans le calcul le poids d'un centimètre cube de bois : c'est le poids du mètre cube qui devrait être indiqué.

dominos. Calculer les dimensions intérieures de cette boîte, en sachant : 1° que ces dominos ont 0^m,045 de long, 0^m,022 de large et 0^m,009 d'épaisseur ; 2° qu'on veut les disposer, comme d'habitude, en quatre rangées superposées de 7 dominos chacune ; 3° que pour faciliter l'introduction dans la boîte, l'ouvrier devra ménager un vide de 2 millimètres dans tous les sens.

Cette boîte vide pèse 233^gr,30 et quand elle contient les dominos, 650 grammes ; trouver le poids moyen d'un domino.

Certificat d'études primaires. — Gard, 1878.

Réponse. — Longueur 158^mm; largeur 49^mm; hauteur 38^mm.
Poids moyen d'un domino 14^gr,875.

280. — Un accident a fait écouler dans une citerne longue de 2^m,50, large de 1^m,80, profonde de 2^m,85 et remplie d'eau aux $\frac{3}{8}$ de sa profondeur, les $\frac{5}{9}$ de la contenance d'un tonneau d'huile de 2 hectolitres 25 litres.

On demande de calculer : 1° l'épaisseur de la couche d'huile formée à la surface de l'eau de la citerne ; 2° la différence du poids de l'eau contenue dans la citerne avec celui du même volume d'huile, en supposant que le poids de toute l'huile du tonneau eût été au poids de l'eau qui l'aurait rempli dans le rapport de 4,58 à 5 ; 3° la fraction qui représenterait la partie vide du tonneau dans le cas où la couche d'huile de la citerne eût été plus épaisse de 5 millimètres.

Brevet élémentaire. Aspirants. — Nancy, 1878.

Réponse. — 1° L'épaisseur de la couche d'huile est de 27 millimètres 7 dixièmes.

2° La différence des poids de l'eau de la citerne et de l'huile qui aurait le même volume est de 404 ^Kg.

3° Le vide est $\frac{59}{90}$ de la capacité du tonneau.

CHAPITRE V

PROBLÈMES PARTICULIERS SUR LES FRACTIONS.

Nous classons dans ce chapitre une série de problèmes qui ne sont ni longs, ni difficiles, et sur lesquels cependant les candidats se trompent fréquemment, faute d'un peu de réflexion.

Dans la plupart, il s'agit de chercher quel est le bénéfice pour cent fait sur le prix d'achat et quel bénéfice sur le prix de vente; ils reviennent en général à trouver ce nombre, en connaissant la valeur qu'il a prise, après avoir été augmenté ou diminué d'une certaine fraction de lui-même.

PROBLÈMES.

281. — En revendant le mètre de toile 2 francs, un marchand fait un bénéfice de 20 % sur le prix d'achat ; combien lui coûtait le mètre ?

Certificat d'études primaires. — Rhône, 1880.

Réponse. — Le mètre avait coûté $1^f,67$.

282. — Un marchand a vendu 60 mètres d'étoffe à raison de $12^f,60$ le mètre; il a fait un bénéfice de 10 % sur le prix d'achat. Combien les avait-il payés ?

Certificat d'études primaires. — Belfort, 1879.

Réponse. — $681^f,82$.

283. — Une marchande a vendu plusieurs pièces de ruban pour $255^f,70$. Si elle les eût vendues $60^f,40$ de plus, elle aurait

gagné une somme égale au 5ᵉ du prix d'achat. Combien lui coû-
taient ces rubans ?

Certificat d'études primaires. — Drôme, 1880.

Réponse. — Le prix d'achat était de 246ᶠ,75.

284. — Un marchand de vin a acheté 7 pièces de vin pour
1102ᶠ,50 ; il en a vendu 99 litres pour 65ᶠ,34. On demande combien chaque pièce contient de litres, en sachant que le marchand
gagne 3 centimes par litre revendu ?

Brevet élémentaire. Aspirants. — Caen, 1871.

Réponse. — 250 litres dans chaque pièce.

285. — Un marchand, en revendant 67ᵐ,50 de drap pour la
somme de 990 francs, fait un bénéfice de $\frac{2}{9}$ sur son prix d'achat.
Combien avait-il payé le mètre de drap ?

Brevet élémentaire. Aspirantes.

Réponse. — Prix d'achat du mètre 12 francs.

286. — Une marchandise, sur laquelle on a obtenu une remise
de 4,5 %, n'a coûté que 2530ᶠ,75. Combien aurait-on payé sans la
remise ?

Certificat d'études primaires. — Seine, 1878.

Réponse. — Le prix aurait été 2650 francs.

287. — Une personne achète 15ᵐ,2 de drap et les cède ensuite
pour 302ᶠ,10. Elle gagne ainsi 6 % sur le prix d'achat. Combien
le mètre de drap lui avait-il coûté ?

Brevet élémentaire. Aspirantes. — Lyon, 1877.

Réponse. — Le mètre avait coûté 18ᶠ,75.

288. — On a payé 25 francs la quantité de laine nécessaire pour
faire une tapisserie, alors que le prix de la laine avait augmenté
de 15 %. Combien l'aurait-on payée avant l'augmentation ?

Brevet élémentaire. Aspirantes.

Réponse. — Avant l'augmentation on aurait payé 21ᶠ,74.

289. — Une personne fait, en vendant un terrain, un bénéfice
de 225 francs ; elle gagne de la sorte 7 ½ % du prix d'achat.
Combien ce terrain lui avait-il coûté et combien l'a-t-elle vendu ?

Brevet élémentaire. Aspirantes. — Paris, 1879.

Réponse. — Prix d'achat 3000 francs.
   Prix de vente 3225 francs.

290. — Un employé de l'État touche par an 2090 francs, après déduction de la retenue de 5 %, faite sur son traitement pour la retraite. Quel est le traitement de cet employé ?

Brevet élémentaire. Aspirantes. — Blois, 1880.

Réponse. — 2200 francs.

291. — Un marchand avait acheté au prix de 7f,50 le kilogr. un poids de 32 kilogrammes de marchandise, qu'il a revendu aussitôt après pour la somme de 276 francs. Combien gagne-t-il pour cent sur le prix d'achat, et combien pour cent par rapport au prix de vente ?

Brevet élémentaire. Aspirantes.

Réponse. — 15 % sur le prix d'achat.
        13,11 % du prix de vente.

292. — Une pièce de toile écrue a perdu au blanchissage 17 % de sa longueur et ne contient plus que 18m,48. Le mètre de toile écrue ayant coûté 1f,55,. à combien revient le mètre de toile blanche ?

Brevet de sous-maîtresse. — Paris, 1878.

Réponse. — Le mètre de toile blanche revient à 1f,87.

293. — Une lingère veut faire des chemises de calicot, les vendre 4f,50 la pièce et gagner 15 % du prix de vente. Chaque chemise prend 3m,10 de calicot et coûte 1f,25 de façon. A quel prix doit-elle acheter le mètre d'étoffe ?

Certificat d'études primaires. — Côtes-du-Nord, 1880.

Réponse. — Le prix du mètre doit être 85 centimes.

294. — Un marchand achète, au prix de 2f,45 le mètre, une pièce de toile écrue de 38 mètres, et après un lavage, cette pièce se retire de 0,04 de sa longueur. Combien doit-il revendre le mètre pour gagner 10 % sur le prix d'achat ?

Brevet élémentaire. Aspirantes. — Paris.

Réponse. — Le prix de vente du mètre sera 2f,80.

295. — Un spéculateur engage toute sa fortune dans une entreprise et l'augmente en 4 ans de ses 0,5 ; il se trouve alors possesseur de 125 000 francs. Trouver quel était son avoir primitif et combien il a gagné pour cent en moyenne.

Brevet élémentaire. Aspirantes. — Poitiers, 1876.

Réponse. — Avoir primitif 83 333f,33..
        Gain annuel de 12,50 pour cent.

296. — L'are de terrain cultivé produit en moyenne 17 litres de blé. Trouver combien de blé produit un champ de 4 hectares

5.

8 ares, et à quel prix a été acheté le mètre carré de ce champ, si le propriétaire, en vendant le terrain 28 400 francs, gagne 6,5 % sur le prix d'achat.

Brevet élémentaire. Aspirantes. — Pas-de-Calais, 1880.
Réponse. — Récolte en blé 69 hectolitres 36 litres.
Prix d'achat du mètre carré 65 centimes 3 millimes.

297. — En revendant 75 centimètres de toile au prix de 95 centimes, un marchand fait un bénéfice de 11,5 % sur le prix d'achat de sa marchandise. Combien avait-il payé les 4 pièces de toile qu'il avait achetées, si chacune mesure 82^m,40 ?

Certificat d'études primaires. — Sarthe, 1880.
Réponse. — Prix d'achat des 4 pièces 374^f,44.

298. — L'eau en se congelant augmente d'un 14e de son volume. Chercher d'après cela combien un bloc de glace de 36 décimètres cubes donnera de litres d'eau en se fondant.

Brevet élémentaire. Aspirantes. — Paris, 1876.
Réponse. — 33 litres 6 décilitres d'eau.

299. — Combien pèse un bloc de glace qui a un volume de 6 décim. cubes 300 millim. cubes ? Le volume de l'eau s'est augmenté d'un 14e, en passant de la température de 4 degrés, qui est celle de son maximum de densité, à celle de zéro où elle se congèle.

Brevet élémentaire. Aspirants. — Paris, 1877.
Réponse. — Le bloc de glace pèse 5600 grammes.

300. — En passant de la température de zéro à celle de 100 degrés, l'eau pure se dilate de $\frac{1}{24}$ de son volume. Quel sera le poids de 6 litres d'eau pure à 100 degrés.

Brevet élémentaire. Aspirantes. — Besançon.
Réponse. — Le poids de 6 litres à 100 degrés est de 5^{kg},760 gr.

301. — On verse à la poste une somme de 586^f,85 qui représente à la fois le montant du mandat que l'on veut envoyer, et les frais d'envoi qui sont de 35 centimes pour le timbre du mandat plus 2 centièmes de la somme qui sera inscrite sur le mandat. Quel sera le montant du mandat ? (1).

Brevet supérieur. Aspirantes. — Aix, 1871.
Réponse. — La somme portée au mandat est de 575 francs.

1. Les frais d'envoi d'argent par mandat sont réduits actuellement à 1 pour 100, sans frais de timbre.

302. — Je veux envoyer à un de mes amis de l'argent par la poste. J'acquitte tous les frais qui sont de 1 % sur la somme que touchera mon ami, 25 centimes de timbre et 15 centimes d'affranchissement de la lettre. Je dépose 167 francs entre les mains de l'employé. Quelle somme recevra mon ami ?

Brevet élémentaire. Aspirantes. — Paris, 1879.

Réponse. — L'ami recevra 164f,95.

303. — On a mesuré avec une grande exactitude la longueur d'un fil de laiton, à la température de 80 degrés centigrades, et on a trouvé 4m,00544. Calculer la longueur qu'il aurait à la température de zéro, en sachant que de zéro à 80 degrés le laiton s'est dilaté des 0,00136 de sa longueur à zéro.

Brevet élémentaire. Aspirants. .

Réponse. — La longueur à zéro serait de 4 mètres.

304. — On a acheté 300 mètres d'étoffe pour la somme de 4852f,55 afin de les revendre avec bénéfice. Trouver le prix auquel on devra revendre le mètre : 1° pour gagner 10 % sur le prix d'achat ; 2° pour gagner 10 % sur le prix qu'on aura revendu la marchandise.

Brevet élémentaire. Aspirantes. — Paris, 1879.

Réponse. — Prix de vente dans le 1er cas 17f,72.
                    Prix de vente dans le 2e cas 17f,90.

305. — En revendant un terrain de 2 hectares 21 ares pour 117 130 francs, on a gagné 6 % sur le prix d'achat. Trouver : 1° combien on avait payé le mètre carré de ce terrain ; 2° combien de mètres cubes de froment produirait ce terrain, à raison de 17 litres par are.

Brevet élémentaire. Aspirantes. — Paris, 1880.

Réponse. — Prix du mètre carré 5 francs.
                    Récolte de froment 3 m. cubes 7 hectol. 57 litres.

306. — On vend un champ rectangulaire d'une largeur de 32 mètres et d'une longueur égale à 9 fois le quart de la largeur. Le prix de vente est de 1255f,68 et à ce compte le vendeur gagne 9 % sur le prix d'achat. Trouver le prix d'achat de l'hectare de ce terrain.

Brevet supérieur. Aspirantes.

Réponse. — Le prix d'achat de l'hectare était de 5000 francs.

307. — Une construction en briques a un volume de 308 mètres cubes. Les briques dont elle est formée ont 0m,25 de longueur, o^m,20 de largeur et o^m,055 d'épaisseur. Le volume du mortier qui unit les briques est un 28e de celui des briques. On demande combien on a employé de briques.

Brevet élémentaire. Aspirantes. — Paris, 1880.

Réponse. — 108 138 briques.

308. — Un métallurgiste, qui établit son prix de vente sur un bénéfice de 8 %, vend la tonne de fer 226 francs. Il emploie dans son usine un minerai qui renferme 70 % de fer ; mais le traitement occasionne un déchet de 4 % du fer. Combien faut-il que ce métallurgiste traite de tonnes de minerai pour gagner 10 000 francs ?

Brevet élémentaire. Aspirantes. — Loiret, 1878.

Réponse. — 889 tonnes de minerai.

309. — Un mètre cube de houille en roche donne 1 mètre cube et $\frac{1}{6}$ de houille en morceaux, et le poids du coke provenant de la houille n'est que les $\frac{2}{5}$ du poids de cette dernière. L'hectolitre de houille en morceaux pesant 81 kilogrammes, trouver en mètres cubes le volume qu'occupait dans la mine la houille qui a servi à produire 99 tonnes de coke.

Admission à l'École normale de garçons de Charleville.— 1878.

Réponse. — 157 mètres cubes.

310. — Un litre d'eau de mer pèse 1026 grammes et contient 27 grammes de sel. Trouver à quel volume il faut réduire, par l'évaporation, 200 litres d'eau de mer, pour que ce liquide renferme 15 % de son poids de sel.

Brevet supérieur. Aspirantes.

Réponse. — Il faut réduire les 200 litres à 30 litres 8 décilitres.

CHAPITRE VI

§ I. — DES MONNAIES.

FRANC. — L'unité monétaire appelée *franc* est une pièce d'argent pesant 5 grammes et contenant 9 dixièmes de son poids en argent fin et 1 dixième en cuivre.

Il ne faut pas la confondre avec la pièce actuelle d'un franc qui, tout en ayant le même poids de 5 grammes, contient seulement 0,835 de son poids en argent et par conséquent 0,165 de son poids de cuivre.

Le cuivre qui entre dans les monnaies d'or et d'argent est regardé comme étant sans valeur.

TITRE. — On appelle *titre* d'une monnaie d'or ou d'argent le rapport qu'il y a entre le poids de l'or ou de l'argent fin qu'elle renferme et son poids total. On obtient ce rapport en divisant le poids d'or ou d'argent fin par le poids total.

Dire, par exemple, que le titre de nos pièces d'argent est 0,835 revient à dire que le poids d'argent fin qu'elles contiennent est 855 fois la 1000° partie du poids de la pièce.

La pièce de 5 francs en argent est restée au titre de 0,9 ou 0,900, comme les pièces d'or.

C'est par suite d'une convention monétaire conclue le 23 décembre 1865 entre la France, la Belgique, l'Italie et la Suisse, qu'une loi rendue le 14 juillet 1866 a réduit de 0,900 à 0,835 le le titre des pièces d'argent, en exceptant celle de 5 francs. Cette convention a établi l'uniformité des monnaies d'or et d'argent de ces quatre pays, de sorte que les monnaies de l'un ont cours légal dans les trois autres.

TABLEAU DES MONNAIES FRANÇAISES.

ARGENT.			OR.		
VALEUR.	POIDS.	DIAMÈTRE.	VALEUR.	POIDS.	DIAMÈTRE.
20 cent.	1 gramme.	16^{mm}	5 francs.	1^{gr},6129	17^{mm}
50 —	2,5	18	10	3, 2258	19
1 franc.	5	23	20	6, 4516	21
2 —	10	27	50	16, 129	28
5 —	25	37	100	32, 258	35

BRONZE.

PIÈCES	1	2	5	10 centimes.	
POIDS	1	2	5	10 grammes.	
DIAMÈTRE	15	20	25	30 millimètres.	

COMPOSITION : cuivre 0,95 ; étain 0,04 ; zinc 0,01.

POIDS DES MONNAIES. — Dans l'étude de cette question, il suffit de savoir les poids des pièces d'argent et des pièces de bronze, ce qui ne présente pas la moindre difficulté. Quant au poids des pièces d'or, certains élèves se donnent beaucoup de peine pour retenir ces nombres de plusieurs chiffres et croient montrer un grand savoir en les énonçant sans hésitation. Ils se font un peu illusion ; ce qui vaut mieux, c'est d'expliquer comment on peut calculer ces poids, et pour cela il n'y a qu'une chose à se mettre dans la mémoire : *Un poids de monnaie d'or vaut 15 fois et demie autant que le même poids de monnaie d'argent.* Par conséquent, pour connaître le poids d'une pièce d'or, il suffit de chercher le poids de l'argent qui aurait la même valeur et de le diviser par 15,5.

Par exemple, 10 francs en argent pèsent 50 grammes ; le poids de 10 francs en or sera 15 fois et demie moindre, c'est-à-dire $\frac{50}{15,5}$ ou en simplifiant $\frac{100}{31}$ de gramme.

Dans les calculs où ce poids doit être soumis à d'autres opérations, il convient de le conserver sous cette forme fractionnaire,

---

1. On trouvera dans notre *Arithmétique commerciale* pour l'Enseignement spécial un tableau complet de toutes les monnaies étrangères, dressé d'après les documents les plus récents.

au lieu de le remplacer par sa valeur décimale 3gr,2258. C'est tout à la fois plus exact et moins long.

§ II. — DENSITÉ.

On appelle *densité* d'un corps le rapport qui existe entre le poids de ce corps et le poids d'un même volume d'eau (l'eau étant supposée distillée et à la température de 4 degrés centigrades).

Par exemple, la densité du fer étant 7,79, le poids d'un morceau de fer est égal à 779 fois la 100e partie du poids du même volume d'eau.

On trouve la densité d'un corps en divisant son poids par le poids du même volume d'eau. La densité est aussi désignée par le nom de *poids spécifique*.

La densité varie avec la température. Les densités contenues dans la table suivante sont celles des corps à la température de zéro.

TABLE DES DENSITÉS DES CORPS LES PLUS IMPORTANTS.

Platine	21,53	Mercure	13,596
Or fondu	19,26	Glace	0,918
Or à 0,900 (*)	17,408	Alcool	0,79
Argent fondu	10,47	Éther	0,73
Argent à 0,900	10,286	Vin	0,99
Argent à 0,835	10,071	Eau de mer	1,026
Plomb fondu	11,35	Huile d'olive	0,915
Cuivre forgé	8,95	Lait	1,03
Cuivre jaune	8,427	Caoutchouc	0,989
Fer	7,788	Liège	0,24
Étain	7,29	Sapin	0,49
Zinc	7,19	Marbre	2,70
Aluminium	2,67	Calcaire	2,00

Un litre d'air à la température de zéro et au niveau de la mer pèse 1gr,296. L'hydrogène, qui est le plus léger de tous les corps ne pèse que la 14e partie du poids de l'air.

(*) C'est grâce à l'obligeance de M. l'amiral Mouchez, directeur de l'Observatoire, que nous avons pu insérer dans cette table les densités de l'or et de l'argent monnayés ; il a bien voulu se les procurer pour nous à l'Hôtel des monnaies.

Quand on connaît le volume d'un corps et sa densité, on peut trouver son poids en multipliant son volume par sa densité.

En effet, soit une règle de fer ayant un volume de 24 centimètres cubes. Un centimètre cube de fer pèserait 7^{gr},79 ; donc le poids de cette règle sera 24 fois le poids du centimètre cube, c'est à-dire 7^{gr},79 × 24, ce qui démontre la règle énoncée.

Si pour abréger on désigne le poids d'un corps par p, son volume par v et sa densité par d, cette règle peut s'écrire ainsi :

$$p = v \times d \quad \text{ou} \quad p = vd.$$

De là découlent ces deux autres règles :

On peut connaître le volume d'un corps en divisant son poids par sa densité.

On peut connaître la densité d'un corps en divisant son poids par son volume.

Il importe d'observer qu'au gramme pris pour unité de poids dans ces calculs correspond le centimètre cube pour unité de volume ; au kilogramme correspond le décimètre cube.

PROBLÈMES.

311. — Calculer le poids d'une médaille en or qui vaut 5000 fr., en supposant que cette médaille ait la même composition que la monnaie d'or.

Certificat d'études primaires. — Paris, 1879.

Réponse. — La médaille pèse 967^{gr},74.

312. — Combien pèse l'or fin contenu dans une somme de 1000 fr. en pièces de 20 fr. ?

Brevet élémentaire. Aspirants. — Besançon, 1871.

Réponse. — Le poids de l'or est de 290^{gr},322.

313. — Quelle est la somme en or dont le poids équivaut à celui de 2 litres 5 décilitres d'eau pure ayant la température de 4 degrés ?

Brevet élémentaire. Aspirantes. — Rennes, 1871.

Réponse. — La somme vaut 7750 fr.

314. — Les pièces d'argent de 5 fr. sont au titre de 0,900 et les autres au titre de 0,835. Trouver d'après cela les poids d'argent contenus dans une même somme d'argent de 595 fr. : 1° quand elle est composée de pièces de 5 fr.; 2° quand elle est formée des autres pièces,

Brevet élémentaire. Aspirants. — Caen, 1871.

Réponse. — En pièces de 5 fr. 2677^{gr},5 d'argent pur.

En petites pièces   2484^{gr},125.

315. — Un flacon rempli d'eau de senteur pèse 3 hectogrammes; vide il ne pèse que 26 grammes. Quelle est la capacité du flacon, si le liquide qu'il contient pèse les 1,02 du poids de l'eau prise dans les conditions du gramme ?

Brevet élémentaire. Aspirantes. — Douai, 1871.

Réponse. — Le flacon a 268 centimètres cubes.

316. — Quel est le poids total d'une pièce de vin de 2 hecto-litres 28 litres, la densité du vin étant 0,99 et le fût vide pesant 16 kilogr. 8 grammes ?

Concours des élèves-maîtres pour les écoles de Paris. — 1877.

Réponse. — Le poids est de 241 kilogr. 728 grammes.

317. — Un litre d'huile pèse les 0,920 du poids d'un litre d'eau. Combien faudra-t-il de pièces de 50 centimes pour faire équilibre dans une balance à 6^{lit},25 d'huile ?

Certificat d'études primaires. — Nord, 1879.

Réponse. — 2300 pièces de 50 centimes.

318. — Une barrique vide pèse 27^{Kg},87. Remplie d'huile, elle pèse 154^{Kg},37. On demande combien elle contient de litres d'huile, le poids de cette huile étant les $\dfrac{11}{12}$ du poids de l'eau.

Brevet élémentaire. Aspirantes. — Paris, 1878.

Réponse. — Il y a 138 litres d'huile.

319. — Le marbre se paie à raison de 154^f,75 le mètre cube et un décimètre cube de marbre pèse 2 kilogr. 75 décagrammes. Un bloc de marbre a un poids de 1260 kilogrammes ; quel est son volume et combien le paiera-t-on ?

Brevet élémentaire. Aspirantes. — Paris, 1881.

Réponse. — Volume 461 décim. cubes 538 centim. cubes.

Prix à payer 71^f,42.

320. — Dans un vase de 1 litre de capacité on verse 2972 gr. de mercure. Quel est le poids de l'eau pure nécessaire pour achever de remplir le vase ? Un litre de mercure pèse 13^{Kg},596 gr.

Brevet élémentaire. Aspirants. — Lyon, 1871.

Réponse. — Il faudra 781^{gr},407 d'eau.

321. — Une bouteille remplie d'huile aux $\frac{11}{15}$ de sa capacité pèse 649 grammes de plus que si elle est vide. Trouver, à moins d'un centimètre cube près, la contenance de cette bouteille, en sachant que la densité de cette huile est 0,915.

Certificat d'études primaires. — Charente, 1881.

Réponse. — 967 centimètres cubes.

322. — Trouver la capacité d'un vase, en sachant que l'huile qui remplit les $\frac{5}{7}$ de ce vase pèse autant que la monnaie d'argent qui vaut 585^f,50 et que l'hectolitre d'huile pèse 90 kilogrammes.

Brevet élémentaire. Aspirantes. — Douai, 1879.

Réponse. — La capacité du vase est de 5 litres.

323. — On a acheté pour 190^f,25 et revendu pour 232 francs 1 hectolitre 3 quarts d'huile à brûler. Combien a-t-on gagné pour cent sur le prix d'achat et combien par hectogramme, la densité de huile étant 0,947 ?

Brevet élémentaire. Aspirantes. — Poitiers, 1879.

Réponse. — Gain de 21,94 %.

Gain par hectogramme 2 centimes et demi.

324. — Un vase de forme cubique a 0^m,25 de profondeur. Combien peut-il contenir de litres d'eau? Quel est le poids de cette eau, en la supposant distillée et à la température de 4 degrés? Quelles sommes en argent et en or feraient équilibre ?

Brevet élémentaire. Aspirants. — Rennes, 1871.

Réponse. — Capacité du vase 15 litres 625 centimètres cubes.

Poids de l'eau qui le remplirait 15^{Kg},625 gr.

Somme en argent 512^f,50.

Somme en or 4845^f,75.

325. — Quelle est en or monnayé la somme qui contient autant de cuivre qu'une somme de 782 francs en argent monnayé au titre de 0,835 ?

Brevet élémentaire. Aspirants. — Toulouse, 1871.

Réponse. — Somme en or de 10 120^f,95.

326. — Combien aurait-on de pièces de vin de 120 litres chacune et de litres en sus, à 28 fr. l'hectolitre, pour une somme d'argent faisant équilibre au poids de l'eau pure remplissant un décalitre aux $\frac{6}{20}$ de sa hauteur ?

Brevet élémentaire. Aspirantes. — Nancy, 1876.

Réponse. — On aurait 17 pièces de vin plus 102 litres 8 décil.

327. — Le centimètre cube d'argent pèse 10^{gr},50 et le centimètre cube de cuivre 8^{gr},85. On fond ensemble 9 kilogrammes d'argent et 1 kilogramme de cuivre ; quel sera le volume de cet alliage ?

Brevet élémentaire. Aspirantes. — Paris, 1878.

Réponse. — Volume de l'alliage 970^{cmc},36^{mmc}.

328. — On a un cube d'or dont le côté a 0^m,015. Calculer sa valeur en sachant que la densité de l'or est 19,26 et que le gramme d'or pur vaut 3^f,437.

Calculer ensuite la valeur d'un cube d'argent pur de mêmes dimensions, en sachant que la densité de l'argent est 10,47 et que le gramme d'argent pur vaut 0^f,221.

Brevet élémentaire. Aspirantes. — Paris, 1877.

Réponse. — Le cube d'or vaut 223^f,41.
Le cube d'argent vaut 7^f,81.

329. — Un décalitre d'air pesant 12^{gr},932, quel est le poids de l'air qui remplit une caisse rectangulaire ayant 1^m,40 de longueur, 1^m,50 de largeur et 0^m,871 de hauteur ?

Brevet élémentaire. Aspirantes. — Paris, 1877.

Réponse. — L'air de la caisse pèse 2 kilogr. 50 grammes.

330. — Un bloc de chêne de forme rectangulaire a 2^m,65 de longueur, 0^m,52 de largeur et 0^m,45 d'épaisseur. Trouver son poids en sachant que la densité du chêne est 0,82.

Brevet élémentaire. Aspirants. — Aix, 1879.

Réponse. — Le bloc pèse 513 kilogrammes.

331. — On a extrait 250 litres d'huile d'un certain nombre d'hectolitres d'olives. Les olives donnent 12 % d'huile de leur poids ; l'hectolitre d'olives pèse 45^{kg},2 et la densité de l'huile est 0,912. Trouver d'après cela le nombre d'hectolitres d'olives qui ont été employés.

Brevet élémentaire. Aspirants. — Aix, 1879.

Réponse. — On a employé 42 hectolitres d'olives.

332. — Un vigneron a vendu le vin de sa récolte à raison de 79^f,92 la pièce contenant 199 kilogrammes 8 hectogrammes de vin. A volume égal, le poids de ce vin est les 0,925 de celui de l'eau. On demande : 1° le prix de l'hectolitre ; 2° la somme d'argent monnayé qui aurait un poids égal à celui du vin qui est contenu dans les $\frac{3}{4}$ de la pièce ; 3° le poids d'argent pur contenu dans cette somme.

Brevet élémentaire. Aspirants. — Lyon, 1871.

Réponse. — Prix de l'hectolitre 57 francs.

Somme d'argent demandée 29 970 francs.

Poids d'argent pur 154 865 grammes.

333. — On a retrouvé à Pompéi les restes d'une vitre qui devait avoir une hauteur de 0ᵐ,72, une largeur de 0ᵐ,54 et une épaisseur de 0ᵐ,oo5. Le verre de cette vitre a pour densité 2,5. Sa composition est analogue à celle des vitres que nous fabriquons aujourd'hui. Il renferme sur 100 grammes : 69,43 de silice; 18,24 de soude; 7,24 de chaux; 5,55 d'alumine; 1,54 d'oxyde de fer et d'oxyde de manganèse.

On demande de trouver le volume de la vitre, son poids et les poids des diverses substances qui entrent dans sa composition.

Brevet élémentaire. Aspirantes. — Paris, 1877.

Réponse. — Vol. de la vitre 1944 centim. cubes. Poids 4860ᵍʳ.

Silice 5574ᵍʳ,298. Soude 886ᵍʳ,464.

Chaux 351ᵍʳ,864. Alumine 172ᵍʳ,550.

Oxydes de fer et de manganèse 74ᵍʳ,844.

334. — L'alliage employé pour la fabrication des mesures de capacité, dites en étain, est en réalité formé de 82 parties d'étain et 18 de plomb. Le centimètre cube d'étain pèse 7ᵍʳ,19 et le centimètre cube de plomb 11ᵍʳ,55. Trouver, d'après ces données, à un demi-gramme près, le poids d'un décimètre cube de l'alliage; 2° à un demi-centimètre cube près le volume de 50 kilogrammes de l'alliage.

Brevet élémentaire. Aspirants. — Mars 1881.

Réponse.—Le volume de 50 kilogr. est de 6495 centimètres cubes.

Le poids d'un décimètre cube est de 7698 grammes.

335. — Trouver quelle est : 1° en monnaie d'or ; 2° en monnaie d'argent, la somme dont le poids est égal à celui de 3 litres 25 centilitres d'eau pure dans les conditions adoptées pour la détermination du gramme.

Quel serait le poids de l'or pur contenu dans la 1ʳᵉ somme et celui de l'argent pur contenu dans la 2°, celle-ci étant formée de pièces de 2 francs?

Brevet élémentaire. Aspirantes. — Grenoble, 1878.

Réponse. — Somme d'argent 650 francs.

Somme d'or 10 075 francs.

Poids d'argent pur 2715ᵍʳ,75.

Poids d'or pur 2925 grammes.

336. — En payant une certaine somme avec de la monnaie d'or, je donne 43ᵍʳ,548 d'or pur. Quel serait le poids de l'argent pur que je donnerais en payant les $\frac{3}{5}$ de la même somme en pièces de 2 francs et le reste en pièces de 5 francs ?

Brevet supérieur. Aspirants.

Réponse. — Poids d'argent pur demandé 645ᵍʳ,75.

337. — Combien faudrait-il de voitures chargées chacune à 2000 kilogrammes, pour transporter l'indemnité de guerre de 5 milliards payée à la Prusse : 1° si elle était en bronze; 2° en argent; 3° en or?

Certificat d'études primaires. — Gard, 1878.

Réponse. — 250 000 voitures pour la monnaie de bronze;
12 500 pour la monnaie d'argent;
807 pour la monnaie d'or.

338. — Quel est le poids de 5 milliards de francs en or? Combien faudrait-il de vagons pour transporter cette somme, en admettant que chaque vagon contienne un poids de 5 tonnes?

Quelle serait la longueur de la ligne droite formée par les pièces de 20 francs dont se compose cette somme, si ces pièces étaient placées les unes à la suite des autres, en se touchant, de manière que les centres soient en ligne droite, la pièce de 20 francs ayant un diamètre de 21 millimètres?

Brevet élémentaire. Aspirantes. — Paris, 1878.

Réponse. — Poids 1612 tonnes 903 kilogr. 225 grammes.
Nombre des vagons 323.
Longueur 5250 kilomètres.

339. — On a acheté 7 hectolitres de vin à 3ᶠ,80 le décalitre. On paie la moitié du prix d'achat en monnaie d'or, la moitié de ce qui reste en monnaie d'argent et le reste en monnaie de bronze. On demande le poids total de la somme payée et le poids du cuivre contenu dans les pièces d'or.

Certificat d'études primaires. — Meurthe-et-Moselle, 1880.

Réponse. — Poids de la somme payée 7181ᵍʳ,935.
Poids de cuivre contenu dans l'or 4ᵍʳ,1935.

340. — Un sac contenant différentes espèces de monnaies pèse 3191ᵍʳ,20, le poids du sac vide étant de 25 grammes. Il contient 525ᶠ,50 de monnaie d'argent et 120 francs de monnaie d'or. Combien renferme-t-il de monnaie de cuivre?

Certificat d'études primaires. — Gard, 1879.

Réponse. — Le sac contient 500 grammes de monnaie de cuivre.

341. — On partage une somme entre quatre personnes. La 1re

en a les $\dfrac{3}{10}$; la 2e en a $\dfrac{1}{4}$; la 3e en a $\dfrac{1}{5}$ et la 4e a le reste qui est de 150 francs. On demande quelle est la somme partagée et quel en est le poids, si les $\dfrac{3}{4}$ sont en or et le reste en argent.

Brevet élémentaire. Aspirants.
Réponse. — La somme partagée est de 600 francs.
Elle pèse 895gr,161.

342. — Une personne ayant acheté une terre donne en paiement : 1° 69 actions de chemins de fer au cours de 687f,50 ; 2° 387 obligations au cours de 308f,75 ; 3° cinq sacs de monnaie d'argent pesant net chacun 3 kilogrammes 56 grammes; 4° un sac de monnaie d'or ayant le même poids net. Le compte fait, elle redoit encore un 20e du prix de la propriété. Calculer ce prix.

Brevet supérieur. Aspirantes. — Lyon, 1871.
Certificat d'études primaires. — Corbeil, 1880.
Réponse. — La propriété coûte 228 787f,10.

343. — Un vase est rempli d'un mélange pesant 7 kilogrammes et composé d'eau-de-vie et d'eau distillée. On demande le poids de l'eau distillée qui remplirait ce vase, en sachant que le mélange contient en poids 4 fois autant d'eau-de-vie que d'eau, et que le poids de l'eau-de-vie est, à volume égal, les $\dfrac{19}{20}$ du poids de l'eau.

Brevet élémentaire. Aspirants. — Aveyron, 1877.
Réponse. — Le poids de l'eau distillée serait de 7Kg,294.gr

344. — Un vase rempli par des poids égaux d'eau et de mercure pèse 83 kilogrammes 56 grammes, et sa capacité est de 39 litres et demi. Trouver le poids du vase vide, en prenant 13,6 pour la densité du mercure.

Brevet supérieur. Aspirants.
Réponse. — Le vase vide pèse 9Kg,467.gr

345. — La salure de différentes mers n'est pas la même. Ainsi 1 kilogramme d'eau de l'Océan Atlantique renferme 251 décigrammes de sel et 1 kilogramme d'eau de la Mer Morte renferme 110 grammes de sel.
On demande quel est le poids de sel contenu dans 100 litres d'eau de chacune de ces deux mers, en sachant que le poids spé-

cifique de l'eau de l'Océan est 1,0286 et que le poids spécifique de l'eau de la Mer Morte est 1,9991.

Brevet élémentaire. Aspirantes. — Paris, 1877.

Réponse. — 2ᵏᵍ,582 gr. dans l'eau de l'Océan.

22 kilogrammes dans l'eau de la Mer Morte.

346. — Un vase plein d'eau pèse 115 décagrammes; le même vase plein d'huile pèse 1 kilogramme 82 grammes. En sachant que 17 litres et demi d'huile pèsent 16 kilogrammes, on demande quel est le poids du vase vide et quelle en est la capacité.

Brevet élémentaire. Aspirantes. — Paris, 1881.

Réponse. — Le vase vide pèse 356ᵍʳ,7.

Sa capacité est de 793 centimètres 5 dixièmes.

347. — Plein de vin, un vase ferait équilibre à une somme de 7754 fr., composée de 7750 fr. en or et de 4 fr. en argent. Plein d'huile, il pèse 2ᵏᵍ,440. A volume égal, le vin contenu dans le vase pèse les 0,95 du poids de l'eau pure à 4 degrés et l'huile les 0,90 du poids de cette eau. Trouver d'après cela la capacité du vase, le poids du vin, le poids de l'huile.

Brevet élémentaire. Aspirants. — Paris, 1880.

Réponse. — Capacité du vase 1 litre 6 décilitres.

Poids du vin 1520 gr.; de l'huile 1440 gr.

(Voir ALG.. *Solutions raisonnées.* Problème 85).

348. — Un propriétaire veut tirer 5000 francs de la vente de 32 barriques de vin; mais la vente doit être faite au poids et non au volume. On demande : 1° quel sera le prix de ce vin par 100 kilogrammes, pour qu'il soit possible d'arriver au chiffre de vente sus-indiqué ; 2° combien coûtera dans ce cas le litre de vin ; 3° quelle augmentation subirait le prix du litre, si on fixait à 50 francs la valeur des 100 kilogrammes.

On admettra que la barrique contient 225 litres, et que sous le même volume le poids du vin est les 0,93 du poids de l'eau.

Brevet élémentaire. Aspirants. — Mars 1880.

Réponse. — 1° Prix de 100 kilogrammes 44ᶠ,80.

2° Prix du litre 41 centimes 6 dixièmes.

3° Augmentation du prix du litre 5 centimes.

349. — On a un vase ouvert par le haut et exactement plein d'eau distillée à 4 degrés centigrades. On demande : 1° quel est le nombre de pièces de 5 francs en argent qu'il faut y introduire pour que dans ces nouvelles conditions le vase avec son contenu

éprouve une augmentation de poids de 452^{gr},4 ; quelle est l'augmentation de poids qui eût été produite dans le vase, considéré dans son état primitif, par l'introduction d'un rouleau d'or de 1000 francs.

On sait que 1 décimètre cube d'argent pèse 10^{Kg},5 et que 1 décimètre cube d'or pèse 19 kilogrammes.

Brevet élémentaires. Aspirantes. — Mars 1880.

Réponse. — 1° Il faut 20 pièces de 5 francs.

         2° L'augmentation de poids produite par le rouleau d'or est de 305^{gr},602.

350. — Calculer la valeur du kilogramme d'or fin et du kilogramme d'or monnayé (1).

Brevet élémentaire. Aspirantes. — Paris, 1876.

Réponse. — Prix du kilogramme d'or fin 3444^f,44.

       Prix du kilogr. au change des monnaies 3437 fr.

1. Le tarif des frais de fabrication de la monnaie est de 1^f,50 par kilogramme d'argent au titre de 0,9 et de 6^f,70 par kilogramme d'or à 0,9.

TARIF

TITRES en millièmes.	DES MATIÈRES D'OR		DES MATIÈRES D'ARGENT	
	VALEUR au tarif par kilog.	VALEUR sans retenue.	VALEUR au tarif par kilog.	VALEUR sans retenue.
1000	3437,00	3444,44	220.56	222,22
900	3093,30	3100,00	198,50	200,00
800	2749,60	2755,56	176.45	177,78
700	2405,90	2411,11	154,39	155,56
600	2062,20	2066,67	132,34	133,33
500	1718,50	1722,22	110,28	111,11
400	1374,80	1377,78	88,22	88,89
300	1031,10	1033,33	66,17	66,67
200	687,40	688,89	44,11	44,44

CHAPITRE VII

§ I. DES MÉLANGES.

1° PROBLÈMES DANS LESQUELS ON CHERCHE LE PRIX D'UN MÉLANGE, EN CONNAISSANT LES PRIX ET LES QUANTITÉS DES SUBSTANCES MÉLANGÉES.

351. — On a acheté 140 doubles-décalitres de blé à 5 francs chacun, une autre fois 250 doubles-décalitres à 6 francs et enfin 100 doubles-décalitres à 4 francs. Calculer le prix moyen du double-décalitre.

Brevet élémentaire. Aspirantes. — Besançon, 1877.

Réponse. — Le prix demandé est de 5^f,306.

352. — Un cultivateur mêle du blé coûtant 26^f,50 l'hectolitre avec du blé coûtant 29^f,05 et il y met 2 fois plus du 2e que du 1er. A combien revient l'hectolitre du mélange ?

Brevet élémentaire. Aspirants. — Rennes.

Réponse. — L'hectolitre du mélange vaut 28^f,20.

353. — On a acheté du vin à 50 centimes le litre et on y a versé de l'eau. Trouver quelle est la quantité d'eau qui entre dans 75 litres du mélange, en sachant que ces 75 litres coûtent 33^f,75.

Brevet élémentaire. Aspirants. — Montpellier.

Réponse. — 7 litres et demi d'eau.

354. — On a quatre sortes de blé. La 1re coûte 2^f,80 le double-décalitre; la 2e 3 fr.; la 3e 3^f,40; la 4e 4^f,60. On les mélange en mettant 3 fois autant de la 1re qualité que de la 2e et 2 fois au-

6

tant de la 2ᵉ que de chacune des deux suivantes. A combien revient l'hectolitre du mélange ?

Brevet élémentaire. Aspirants. — Paris, 1877.

Réponse. — L'hectolitre du mélange revient à 15ᶠ,40.

355. — L'alliage employé dans la fabrication d'une cloche est composé de 8 parties de cuivre et de 2 parties d'étain. Le cuivre vaut 4ᶠ,75 le kilogramme et l'étain 5ᶠ,25. Les frais de fabrication s'élèvent à 10 % du prix de la matière. Trouver d'après cela le prix de la cloche, en sachant qu'elle pèse 1345 kilogrammes.

Brevet élémentaire. Aspirantes. — Paris, 1878.

Réponse. — Le prix total est de 7175ᶠ,57.

356. — On a fondu ensemble 2 kilogrammes 25 décigrammes d'un métal qui ont coûté 45ᶠ,50 et 4 kilogrammes 6 hectogrammes d'un autre métal qui ont coûté 27 francs. Quel sera le prix d'un kilogramme de cet alliage, en supposant qu'il y ait un déchet de 2 % et que la fabrication de cet alliage ait coûté 12 francs ?

Brevet élémentaire. Aspirants. — Paris, 1876.

Réponse. — Le prix du kilogramme est de 12ᶠ,75.

357. — Un marchand a acheté du blé à 3 francs le double-décalitre et de l'orge à 1ᶠ,80. Il mélange 85 hectolitres de blé et 42 hectolitres d'orge. Combien devra-t-il vendre le double-décalitre du mélange, s'il veut gagner 18 % sur son marché ?

Brevet élémentaire. Aspirants. — Poitiers.

Réponse. — Le double-décalitre se vendra 3ᶠ,07.

358. — Un marchand fait un mélange de 80 litres de vin coûtant 50 francs l'hectolitre et de 100 litres de vin d'une autre qualité. En vendant ce mélange à raison de 70 francs l'hectolitre, il réalise un bénéfice de 20 %. Combien lui coûte l'hectolitre de la 2ᵉ qualité ?

Brevet élémentaire. Aspirantes. — Paris, 1880.

Réponse. — L'hectolitre de la 2ᵉ qualité coûte 65 francs.

359. — On fait 6 % de remise sur le prix de 100 kilogrammes de marchandise, 7 % sur 80 kilogrammes et 10 % sur 250 kilogrammes. Quel est le taux moyen de la remise sur le poids total de la marchandise ?

Brevet supérieur. Aspirantes. — Orne, 1877.

Réponse. — Remise de 8,5 % sur l'ensemble.

360. — Une institution où la durée des cours est de 11 mois par an a eu 120 élèves pendant la dernière année scolaire. Deux de ces élèves ont fréquenté l'établissement pendant 2 mois seulement; vingt pendant 6 mois et les autres y sont restés pendant 11 mois. Le montant total des recettes ayant été de 68 880 francs, on demande quel était le prix de la pension annuelle (pour les 11 mois)?

Brevet élémentaire. Aspirantes.— Juillet 1881.
Réponse. — Pension annuelle de 630^f,34.

361. — Un marchand mélange du vin avec de l'eau dans la proportion de 12 litres d'eau pour 50 litres de vin. Il vend le mélange 60 centimes le litre et gagne ainsi 25 % de son prix d'achat. Trouver combien lui coûtait l'hectolitre de vin pur.

Brevet élémentaire. Aspirantes.
Réponse. — L'hectolitre de vin coûtait 62 francs.

362. — Un fondeur fait un alliage de cuivre, de zinc et d'étain. Le cuivre y entre pour les $\frac{5}{8}$ du poids total; le poids du zinc n'est que le tiers de celui du cuivre et l'étain forme le reste. En prenant pour bénéfice et frais de fabrication 8 % de la valeur des métaux employés, le fondeur peut vendre cet alliage au prix de 209^f,25 les 100 kilogrammes. Le zinc lui coûtant 90 centimes le kilogramme et l'étain 1^f,50, trouver ce que coûtait le kilogramme de cuivre.

Brevet élémentaire. Aspirants.
Réponse. — Le prix du kilogramme de cuivre était 2^f,40.

363. — Un boulanger mélange de la farine coûtant 60 francs les 100 kilogrammes avec une autre farine coûtant 44 francs les 100 kilogrammes, dans la proportion de 7 kilogrammes de la 1re avec 12 kilogrammes de la 2e. On sait que 17 kilogrammes de farine donnent 21 kilogrammes de pain. Combien faudra-t-il vendre le kilogramme de pain pour réaliser un bénéfice de 6 %, les frais de fabrication étant de 4 francs par 100 kilogrammes de pain?

Brevet supérieur. Aspirantes. —Paris, 1880.
Réponse. — Le prix de vente du kilogr. sera de 47 centimes.

364. — On a acheté au prix de 90 centimes le litre 206 litres d'eau-de-vie contenant 45 % d'alcool pur; puis au prix de 1^f,20 le litre 112 litres d'eau-de-vie contenant 52 % d'alcool pur. A quel prix a-t-on payé chaque fois le litre d'alcool pur?

En outre si l'on mélange les deux quantités d'eau-de-vie, à combien revient le litre d'alcool contenu dans le mélange ?

Brevet supérieur. Aspirants. — Nancy.

Réponse. — Prix du litre d'alcool pur : dans le 1er achat 2 fr.; dans le 2e achat 2f,307 ; dans le mélange 2f,12.

2° PROBLÈMES DANS LESQUELS ON DOIT FORMER UN MÉLANGE D'UN PRIX DONNÉ AVEC DES SUBSTANCES DE PRIX CONNUS.

365. — On a du vin coûtant 75 centimes le litre. Combien faut-il y ajouter d'eau par pièce de 250 litres, pour que le litre du mélange ne revienne qu'à 65 centimes ?

Brevet élémentaire. Aspirantes.— Paris, 1881.

Réponse. — Il faut ajouter 58 litres 46 centilitres d'eau.

366. — Il y a dans un vase 822 grammes d'eau salée contenant 200 grammes de sel. Combien faut-il y ajouter d'eau pour que 300 grammes du nouveau mélange ne contiennent que 50 grammes de sel ?

•Brevet élémentaire. Aspirants.

Réponse. — On doit ajouter 378 grammes d'eau.

367. — On a 348 kilogrammes d'eau salée contenant $\frac{3}{40}$ de son poids de sel. Combien devrait-on ajouter de litres d'eau pure pour obtenir un mélange contenant 5 % de son poids de sel ?

Brevet supérieur. Aspirantes. — Bordeaux, 1871.

Réponse. — On devrait ajouter 174 litres d'eau douce.

368. — L'eau de la Méditerranée près de Tunis contient 35 milligrammes de sel par centimètre cube et celle de l'Océan 25 milligrammes. Quelle quantité d'eau douce faut-il ajouter à 853 litres d'eau de la Méditerranée pour qu'elle contienne la même quantité de sel que l'eau de l'Océan ?

Brevet élémentaire. Aspirants. —Montpellier, 1880.

Réponse. — On ajoutera 341 litres d'eau douce.

369. — Dans 10 litres d'eau à 4 degrés on a dissous 835 grammes de salpêtre. Combien de litres d'eau faudra-t-il ajouter à cette dissolution pour que 3 kilogrammes de la dissolution nouvelle ne contiennent que 115 grammes de salpêtre ?

Brevet élémentaire. Aspirantes. — Ardennes, 1877.

Réponse. — Il faut ajouter 10 litres 95 centilitres d'eau.

(Voir ALG., *Solutions raisonnées.* Problème **22.**)

370. — L'eau de mer contient environ 2 et demi pour 100 de son poids de sel et 1 litre de cette eau pèse 1 kilogr. 26 grammes. Combien faut-il prendre de litres d'eau de mer pour obtenir 1 kilogramme de sel ?

Brevet élémentaire. Aspirantes. — Paris, 1877.

Réponse. — Il faut prendre 39 litres d'eau.

371. — On a 450 litres de vin à 75 francs l'hectolitre. Combien de litres d'eau faudra-t-il y ajouter, pour que le litre du mélange ne revienne qu'à 60 centimes ?

En supposant que l'on consomme par jour 8 litres et demi de ce mélange et que la lie représente une perte de 4 litres et demi par hectolitre, on demande encore combien de jours durera le mélange et quelle sera la dépense réelle par jour ?

Brevet élémentaire. Aspirantes. — Paris, 1880.

Réponse. — On devra ajouter 112 litres et demi d'eau.

Le mélange durera 63 jours.

La dépense par jour sera de 5^f,34.

372. — On a une masse de cuivre pesant 134 kilogr. 850 gr. On demande : 1° quelle quantité d'étain et de zinc il faut lui allier pour avoir le bronze des monnaies ; 2° combien avec cet alliage on pourra fabriquer de pièces de 5 centimes et de pièces de 10 centimes en nombre égal ?

Certificat d'études primaires. — Seine-et-Marne, 1880.

Réponse. — 1° Poids du zinc 1419^{gr},473 ; de l'étain 5677^{gr},894.

2° Nombre de pièces de chaque espèce 9463.

373. — Un marchand de vin veut remplir un tonneau de 216 litres avec du vin de deux qualités, la 1re coûtant 45 centimes le litre et la 2e coûtant 52 centimes.

Combien doit-il mettre de litres de chaque qualité, pour que le litre du mélange revienne à 50 centimes ?

Brevet élémentaire. Aspirantes.

Réponse. — 61^l,71 de la 1re qualité ; 154^l,29 de la 2e.

(Voir ALG., *Solutions raisonnées.* Problème 26.)

374. — Combien faut-il allier de cuivre à 4^f,80 le kilogramm avec 12 kilogrammes de zinc à 2^f,50 pour que le prix moyen du kilogramme du mélange revienne à 3^f,60 ?

Brevet supérieur. Aspirants. — Cantal, 1876.

Réponse. — Il faut ajouter 11 kilogrammes de cuivre.

(Voir ALG., *Solutions raisonnées.* Problème 52.)

6.

375. — Un marchand veut mêler des vins de trois qualités, de manière que le litre du mélange lui revienne à 65 centimes. La 1re qualité coûte 56 centimes le litre, la 2e 62 centimes et la 3e 70 centimes. Dans quelle proportion doit-il faire le mélange?

Brevet supérieur. Aspirants.

Réponse. — Pour 5 litres de la 1re qualité on doit mettre 5 litres de la 2e, et 12 litres de la 3e.

376. — On a mélangé du vin de 80 centimes le litre avec du vin de 70 centimes et l'on a obtenu ainsi 2500 litres ayant une valeur totale de 1850 francs. Combien de litres de chaque qualité a-t-on fait entrer dans le mélange?

Brevet élémentaire. Aspirantes. — Novembre, 1881.

Réponse. — De la 1re qualité 1000 litres; de la 2e 1500 litres.

377. — On a fait un mélange de 5 litres avec deux liquides dont les densités sont 1,25 et 0,74. Combien y a-t-il de litres de chacun dans le mélange, si sa densité est 0,95?

Brevet élémentaire. Aspirants.

Réponse. — Du 1er liquide il y a 2l,06; du 2e il y a 2l,94.

(Voir ALG., *Solutions raisonnées.* Problème 20.)

378. — Un litre d'eau pure pèse 1 kilogramme et 1 litre d'acide nitrique pèse 1Kg,480. On demande quelle est la quantité d'eau qu'il faut ajouter à 1 kilogramme de cet acide, pour que le litre du mélange pèse 1290 grammes?

Brevet supérieur. Aspirantes. — Digne, 1879.

Réponse. — Il faut ajouter 442 grammes d'eau.

379. — Quand on mélange des volumes égaux d'eau et d'alcool, il se produit une contraction, c'est-à-dire que le volume du mélange est moindre que la somme des volumes des deux liquides qui le composent. Cela posé, on constate qu'un litre de ce mélange pèse 936 grammes. On sait d'autre part qu'un litre d'alcool pur pèse 79 décagrammes. Calculer d'après cela, à un demi-centilitre près, les volumes égaux d'eau et d'alcool qu'il faut mélanger pour avoir un hectolitre du mélange.

Brevet élémentaire. Aspirants. — Mars 1881.

Réponse. — 52l,29 d'eau et 52l,29 d'alcool.

380. — On a 25 barriques de vin de 228 litres chacune, marquant 9 degrés à l'alcoomètre, c'est-à-dire contenant 9 % du volume du vin en alcool pur. Combien faut-il y ajouter d'alcool à 90 degrés pour obtenir du vin à 15 degrés?

Le vin valant 3o francs l'hectolitre et l'alcool employé 1f,80 le litre, trouver le prix de l'hectolitre du mélange.

Concours pour les bourses départementales. — Seine-et-Oise, 1879.

Réponse. — Il faut employer 456 litres d'alcool.

L'hectolitre du mélange coûte 41f,11.

§ II. — DES ALLIAGES D'OR OU D'ARGENT.

DU TITRE. — Les objets d'or ou d'argent contiennent tous, comme les monnaies, une certaine quantité de cuivre; leur *titre* est le rapport qu'il y a entre le poids de l'or ou de l'argent pur qu'ils renferment et leur poids total.

Pour les monnaies d'or et la pièce de 5 francs en argent, le titre est 0,9; pour les autres pièces d'argent, il est 0,835.

Pour les autres objets d'or, la loi ne permet que les trois titres : 0,750; 0,840; 0,920.

Pour les objets d'argent, elle ne permet que les deux titres suivants 0,950 et 0,800.

Nous diviserons les problèmes d'alliage en trois catégories.

1° PROBLÈMES OU IL S'AGIT DE TROUVER LE TITRE D'UN ALLIAGE FORMÉ DE PLUSIEURS ALLIAGES D'UN MÊME MÉTAL PRÉCIEUX DE POIDS ET DE TITRES CONNUS.

381. — Déterminer le titre d'un lingot d'argent obtenu en faisant fondre ensemble 100 francs en pièces d'argent de 5 francs et 100 francs en pièces d'argent inférieures. Le titre des premières est 0,900 et celui des autres 0,835. Définir le titre.

Brevet élémentaire. Aspirantes. — Paris, 1878.

Réponse. — Le titre demandé est 0,8675.

382. — On fond ensemble trois lingots d'or. Le 1er au titre de 0,927 pèse 72 kilogrammes; le 2e au titre de 0,892 pèse 84 kilogrammes; le 3e au titre de 0,900 pèse 100 kilogrammes. Quel est le titre du lingot ainsi obtenu?

Brevet élémentaire. Aspirants. — Paris, 1875.

Réponse. — Le titre du nouveau lingot est 0,905.

383. — Un orfèvre possède trois lingots d'or. Le 1er au titre de 0,920 pèse 7 kilogr. 750 grammes ; le 2e au titre de 0,840 pèse 9 kilogr. 250 grammes ; le 3e au titre de 0,750 pèse 12 kilogr. 350 grammes. Il les convertit en un seul lingot, en les faisant fondre ensemble. Quel est le titre du lingot unique ?

Brevet élémentaire. Aspirantes. — Metz, 1859.

Réponse. — Le titre du lingot unique est 0,823.

384. — Un lingot d'argent au titre de 0,95 pèse 6 kilogr. 240 grammes ; un second lingot pèse 5 kilogr. 705 grammes et est au titre de 0,842 ; un troisième pèse 10 kilogr. 5 hectogrammes et est au titre de 0,74. On les fond tous les trois avec 1 kilogramme d'argent pur. Trouver le titre du nouvel alliage.

Brevet élémentaire. Aspirantes. — Paris, 1881.

Réponse. — Le titre demandé est 0,852 par excès à moins d'un demi-millième près.

385. — On fond ensemble deux objets d'or, l'un pesant 124 grammes au titre de 0,920 et l'autre pesant 165 grammes au titre de 0,840. On y ajoute 15 grammes d'or pur et 3 grammes de cuivre. Quel est le titre du lingot ainsi obtenu ?

Brevet élémentaire. Aspirantes.

Réponse. — Le titre demandé est 0,871.

386. — La production totale des mines d'argent d'Amérique en 1840 a été de 1 103 075 kilogrammes. On admet que le métal fourni par les mines n'est pas exactement pur et qu'il contient 3 % de matières étrangères. On demande combien on pourrait faire de pièces de 1 franc avec cette quantité d'argent et quel poids de cuivre contiendraient toutes ces pièces.

Brevet élémentaire. Aspirantes. — Mars 1881.

Réponse. — 256 283 293 pièces, avec un reste d'une valeur de 40 centimes.

Poids du cuivre 211 433 717 grammes.

387. — On veut échanger contre de l'or au titre de 0,840 un lingot d'argent au titre de 0,900 et pesant 5725 grammes. L'argent fin vaut 220f,56 le kilogramme et l'or fin 3437 francs. Quel est le poids de l'alliage d'or qu'on recevra en échange ?

Brevet élémentaire. Aspirants.

Réponse. — Le lingot d'or à recevoir pèsera 395gr,623.

2° PROBLÈMES OU IL S'AGIT DE TROUVER LE POIDS DE MÉTAL PRÉ-
CIEUX OU DE CUIVRE A AJOUTER A UN ALLIAGE DE TITRE ET
DE POIDS CONNUS POUR QU'IL PRENNE UN TITRE DONNÉ.

388. — Un alliage d'or et de cuivre pesant 128 grammes est
au titre de 0,915. Combien faut-il y ajouter de cuivre pour abaisser le titre à 0,840? On calculera le poids du cuivre à un demi-
milligramme près.

Brevet supérieur. Aspirants. — Douai, 1877.

Réponse. — Le poids de cuivre à ajouter est de 11^{gr},428.

389. — Un lingot d'argent pesant 1245 grammes est au titre
de 0,800. Quel poids d'argent faut-il lui ajouter pour en élever le
titre à 0,950?

Brevet élémentaire. Aspirants.

Réponse. — Il faut ajouter 3735 grammes d'argent.

390. — Un lingot d'argent au titre de 0,900 pèse 4342 grammes.
Quel est le poids du cuivre qu'on doit fondre avec ce lingot pour
abaisser son titre à 0,835 ?

Brevet élémentaire. Aspirants. — Paris, 1879.

Réponse. — Il faut ajouter 338 grammes de cuivre.

391. — On met dans un creuset 200 francs en pièces d'argent
au titre de 0,9. Chercher quel est le poids du cuivre qu'il faut
lui ajouter pour abaisser le titre à 0,835 ?

Brevet supérieur. Aspirants. — Grenoble, 1878.

Réponse. — Le poids du cuivre à ajouter est de 77^{gr},844.

392 — Un lingot d'argent pesant 2 kilogr. 23 décagrammes
est au titre de 0,950. On demande d'en faire, en y ajoutant le
cuivre nécessaire : 1° des pièces de 5 francs; 2° des pièces de
1 franc. Combien aura-t-on de pièces de chaque espèce?

Brevet élémentaire. Aspirantes. — Paris, 1877.

Réponse. — 94 pièces de 5 francs.
            507 pièces de 1 franc, avec un reste pesant 2^{gr},125.

393. — Un lingot d'argent pur pèse 10 020 grammes. Trouver
quelle quantité de cuivre il faut y ajouter, pour en faire de la
monnaie au titre de 0,835, et combien on pourra faire de pièces

de 2 francs et de pièces de 1 franc en nombre égal, avec le nouveau lingot.

Certificat d'études primaires. — Paris, 1880.

Réponse. — On doit ajouter 1980 grammes de cuivre.

On fera 800 pièces de chaque espèce.

394. — On a un lingot d'or pesant 378 décagrammes. Quel poids de cuivre faut-il y ajouter pour que ce lingot soit au titre de 0,900 ? Quel est le nombre de pièces de 10 francs qu'on pourra fabriquer avec ce lingot ?

Brevet élémentaire. Aspirantes. — Juillet 1881.

Réponse. — 1302 pièces.

395. — On fond un décimètre cube d'argent avec un volume de cuivre suffisant pour former un alliage au titre de 0,900. Calculer en centimètres cubes et millimètres cubes le volume du cuivre, en sachant qu'un décimètre cube d'argent pèse 10^{kg},47 et un décimètre cube de cuivre 8^{kg},85. Calculer en outre le nombre de pièces de 5 francs que l'on peut fabriquer avec le lingot résultant de cet alliage.

Brevet supérieur. Aspirantes. — Alger, 1878.

Réponse. — Il faut ajouter 136 centim. cubes 61 millim. cubes. de cuivre.

Le nombre de pièces de 5 francs est de 465.

396. — On veut convertir une somme d'un million de francs, actuellement représentée par des pièces de 5 francs au titre de 0,900, en pièces de 1 franc au titre de 0,835. On demande : 1° le poids de cuivre qu'il faudra ajouter à l'alliage que cette somme représente ; 2° quelle sera la somme nouvelle qui résultera de cette conversion.

Brevet élémentaire. Aspirantes. — Paris, 1881.

Réponse. — Le poids du cuivre à ajouter est de 389 221^{gr},5.

La somme produite vaut 1 077 844^{f},30.

397. — L'État ayant retiré des pièces de 2 francs, de 1 franc, de 50 centimes et de 20 centimes au titre de 0,9 pour une somme de 53 275^{f},70, les a fait transformer à la Monnaie en pièces du même genre au titre actuel. On demande le poids du cuivre qu'on a dû ajouter dans ce cas et le bénéfice que l'État retire de cette opération.

Brevet supérieur. Aspirantes. — Seine-et-Marne, 1878.

Réponse. — Le poids de cuivre ajouté est de 20 736 grammes.

Le bénéfice, sans compter les frais de fabrication, est de 4147^{f},20.

398 — Un lingot d'or pesant 1548 grammes contient 145 grammes de cuivre. On demande combien de grammes d'or pur il faut ajouter pour le mettre au titre légal des monnaies françaises et combien de pièces de 20 francs on pourra fabriquer avec ce nouveau lingot. On demande aussi de trouver le titre du lingot primitif.

Brevet supérieur, Aspirantes. — Nancy, 1877.

Réponse. — Le poids d'or pur à ajouter est de 102 grammes.
On obtiendra 224 pièces de 20 francs, avec un reste égal à 0,75 d'une pièce.
Le titre du lingot primitif était 0,892.

399. — Quand on a retiré de la circulation notre petite monnaie d'argent pour en réduire le titre, il y en avait pour 222 166 304^f,25.

On demande quel poids de cuivre il eût fallu y ajouter, s'il n'y avait pas eu de perte par l'usure, pour en faire de la petite monnaie d'aujourd'hui, et quelle augmentation de valeur nominale cette addition eût donnée à la somme totale.

Brevet supérieur. Aspirantes. — Paris, 1880.

Réponse. — Poids de cuivre à ajouter 86 471 914^{gr},827.
Augmentation de valeur nominale 17 294 382^f,96.

400. — On a deux lingots d'argent pesant, l'un 3 kilogrammes 285 grammes et l'autre 4 kilogrammes 520 grammes. Le 1er est au titre de 0,750 et le 2e au titre de 0,925. On veut en faire de la monnaie d'argent au titre de 0,835. Calculer la quantité de métal qu'il faudra ajouter à ces deux lingots fondus ensemble. On indiquera la nature du métal.

Brevet élémentaire. Aspirants. — Grenoble, 1879.

Réponse. — On aura à ajouter 152^{gr},784 de cuivre.

401. — Un lingot d'or pesant 1 kilogr. et demi est au titre de 0,825. On le fond en y ajoutant l'or pur nécessaire pour l'amener au titre légal et on le convertit en monnaie.

On demande : 1° le poids de l'or pur à y ajouter ; 2° la somme fabriquée, en supposant que dans la fabrication il y ait un déchet de 0,005.

Brevet élémentaire. Aspirants. — Paris, 1878.

Réponse. — Le poids d'or à ajouter est de 1125 grammes.
La valeur obtenue est de 8096^f,81.

402. — Un lot d'argenterie au titre de 0,950 a une valeur intrinsèque de 62 984^f,05 et il est destiné à être transformé en pièces de 1 franc. On demande quel poids de cuivre il faudra y ajouter et combien il donnera de pièces de 1 franc.

Brevet élémentaire. Aspirantes. —Paris, 1880.

Réponse. — Le poids du cuivre à ajouter est de 41 089^{gr},5.

On aura 67 886 pièces, avec un reste valant 0^f,94.

403. — Un lingot d'or pur pèse 93^{gr},573. On le fond avec la quantité de cuivre nécessaire pour obtenir l'alliage de la monnaie. Combien pourra t-on faire de pièces de 5 francs ?

Quelle serait la longueur d'une règle de laiton ayant le même poids que le total des pièces de 5 francs, une largeur de 25 millimètres et une épaisseur de 2 millimètres et demi, la densité du laiton étant 8,43?

Brevet élémentaire. Aspirants. —Dijon, 1879.

Réponse. — On aura 64 pièces avec un reste pesant 74 2 milligrammes.

La longueur de la règle serait de 196 millimètres.

404. — Un lingot d'argent pur a la forme d'un prisme rectangulaire droit de 84 millimètres de longueur; 45 millim. de largeur et 24 millim. d'épaisseur. On le fond en y ajoutant le cuivre nécessaire à la préparation des pièces de 5 fr. La densité de l'argent est 10,47. Calculer le nombre de pièces de 5 fr. que l'on obtiendra et le poids de l'alliage non employé.

Brevet élémentaire. Aspirants. —Juillet, 1880.

Réponse. — On aura 42 pièces avec un reste pesant 5^{gr},576.

3° Problèmes où il s'agit de former avec deux alliages de poids et de titres connus un alliage ayant un titre et un poids donnés.

405. — Les alliages d'or et de cuivre employés dans l'orfèvrerie peuvent avoir trois titres différents : 0,920; 0,840; 0,750. On demande quel poids de chacun des alliages à 0,920 et à 0,750 il faudra fondre ensemble pour obtenir un lingot au titre de 0,840 et pesant 500 grammes.

Brevet élémentaire. Aspirantes. —Paris, 1880.

Réponse. — Du 1er on prendra 264^{gr},705.

Du 2e on prendra 235^{gr},294.

406. — Un lingot au titre de 0,900 a été formé avec 65 gramme

au titre de 0,835 et le reste au titre de 0,950. On demande le poids du lingot.

Brevet supérieur. Aspirants. — Constantine, 1879.

Réponse. — Le poids du lingot est de 149^{gr},5.

407. — Un orfèvre a deux lingots d'or de 1800 grammes chacun, l'un au titre de 0,920 et l'autre au titre de 0,750. Combien doit-il ajouter de grammes du 2ᵉ au 1ᵉʳ pour obtenir un alliage au titre de 0,840?

Brevet élémentaire. Aspirants. — Paris, 1877.

Réponse. — On ajoutera au 1ᵉʳ 1600 grammes du second.

(Voir ALG., *Solutions raisonnées.* Problème 53.)

408. — Deux lingots sont formés d'argent et de cuivre. L'un pèse 1043 grammes et est au titre de 0,920 ; l'autre est au titre de 0,840. Calculer le poids du 2ᵉ, en sachant que si on le fond avec le 1ᵉʳ, on obtient un 3ᵉ lingot au titre de 0,861.

Brevet supérieur. Aspirantes.

Réponse. — Le poids du 2ᵉ lingot est de 2930^{gr},335.

(Voir ALG., *Solutions raisonnées.* Problème. 48.)

409. — Un lingot d'argent au titre de 0,850 a été fondu avec 145 grammes d'un alliage d'argent au titre de 0,900. Le titre du lingot obtenu est 0,865. Trouver : 1° le poids du 1ᵉʳ lingot ; 2° la valeur que le lingot obtenu aurait au change des monnaies.

Brevet supérieur. Aspirantes. — Loiret, 1878.

Réponse. — Le poids du 1ᵉʳ lingot était de 338^{gr},335.

La valeur du 3ᵉ est de 92^{f},21.

(Voir ALG., *Solutions raisonnées.* Problème 50.)

410. — Deux lingots d'or, l'un au titre de 0,850 et l'autre au titre de 0,920, ont des poids tels que si on les fond ensemble, on obtient un lingot au titre de 0,900 et pesant autant que 1085 pièces d'or de 20 fr. Calculer les poids de ces deux lingots.

Brevet supérieur. Aspirantes. — Mars 1881.

Réponse. — Poids du 1ᵉʳ 2000 gr.; poids du 2ᵉ 5000 grammes.

411. — A un morceau d'or qui a un volume de 8 centimètres cubes on veut allier de l'argent, de telle sorte qu'un centimètre cube de l'alliage pèse 12^{gr},5. Calculer le volume de cet argent, en sachant qu'un centimètre cube d'argent pèse 10^{gr},4 et qu'un centimètre d'or pèse 19^{gr},2. On suppose d'ailleurs que le volume de l'alliage est la somme des volumes des deux métaux alliés.

Brevet supérieur. Aspirants. — Aisne, 1877.

7

Réponse. — Vol. de l'argent 25 centim. c, 524 millim. cubes.
(Voir ALG., *Solutions raisonnées*. Problème 54.)

412. — On veut faire de l'argent au titre de 0,835 en fondant ensemble de l'argent au titre de 0,900 et du cuivre. Combien faudra-t-il prendre d'argent à 0,900 et combien de cuivre pour avoir 1 kilogramme d'argent à 0,835 ?

Brevet supérieur. Aspirantes.—Paris, 1877.

Réponse. — Poids d'argent 927^{gr},777 ; poids de cuivre 72^{gr},223.

413. — On a trois alliages composés d'or et de cuivre, ayant les titres de 0,750 ; 0,840 ; 0,920. Trouver quels poids il faut prendre de chacun pour obtenir un alliage pesant 4 kilogr. 5 décagr. au titre de 0,890, le poids pris dans le 1er lingot devant être les $\frac{2}{7}$ du poids pris dans le second.

Brevet supérieur. Aspirants.

Réponse. — Du 1er 405 gr.; du 2e 945 gr.; du 3e 2835 gr.

414. — On a deux lingots d'or, l'un du poids de 2500 grammes au titre de 0,850 et l'autre du poids de 1120 grammes au titre de 0,700. On demande : 1° quelle quantité du 1er il faudrait ajouter au 2e pour obtenir un lingot au titre de 0,800 ; 2° quel serait le volume de ce lingot, la densité de l'or étant 19,26 et celle du cuivre 8,85 ; 3° quelle serait la densité du lingot obtenu.

Brevet élémentaire. Aspirants. —Donai, 1879.

Réponse. — On prendra 2240 grammes du 1er lingot.
Le volume du lingot obtenu est de 215^{cc}495^{mmc}.
Sa densité serait 15,59.

415. — Deux lingots d'or, le 1er au titre de 0,910 et le 2e au titre de 0,860 ont des poids tels qu'en les fondant ensemble on obtiendrait un alliage au titre de 0,900 ; en outre la valeur du 1er surpasse de 2866^f,458 la valeur du 2e. Trouver les poids et les valeurs de chacun de ces lingots.

On rappelle que le kilogramme d'or pur vaut 3437 fr. et que la valeur d'un alliage se réduit à celle de l'or pur qu'il contient.

Brevet supérieur. Aspirantes. — Dijon.

Réponse. — Poids du 1er 1200 grammes; du 2e 500 gr.
Valeur du 1er 3753^f,20 ; du 2e 886^f,74.

416. — On a deux lingots d'or. Le 1er, qui est au titre de 0,900, pèse 820 grammes de moins que le 2e, qui est au titre de 0,850. On demande le poids de chacun d'eux, en sachant que le 2e vaut

1695^f,441 de plus que le 1er. Le prix du cuivre est à négliger.

Brevet supérieur. Aspirantes. — Juillet 1881.

Réponse. — Poids du 1er 4085^{gr},819 ; du 2e 4905^{gr},819.

417. — Un alliage d'or et de cuivre au titre de 0,91 pèse quatre fois autant qu'un autre alliage au titre de 0,86. D'autre part, la valeur du 1er surpasse celle du 2e de 2866^f,458. On sait que le kilogramme d'or pur vaut 3437 fr. et que la valeur d'un alliage se réduit à celle de l'or pur qu'il contient. Trouver le poids de chacun de ces deux alliages et dire quel serait le titre du lingot résultant de la fusion.

Brevet supérieur. Aspirants. — Poitiers, 1878.

Réponse. — Poids du 1er 1200 gr.; du 2e 300 gr.

Titre du lingot formé des deux autres 0,900

(Voir Alg., *Solutions raisonnées.* Problème 51.)

418. — Le doublon, monnaie d'or des îles Philippines, est au titre de 0,875 et pèse 6^{gr},766 ; le double-ducat d'or des Pays-Bas est au titre de 0,983 et pèse 6^{gr}.988. Combien de doublons et combien de doubles-ducats faudra-t-il fondre dans un creuset pour faire un alliage qui servira à fabriquer 1000 pièces de 20 fr. en monnaie française ?

Brevet supérieur. Aspirants. — Ardennes, 1878.

Réponse. — 732 doublons plus 5^{gr},499 de cet or.

213 ducats plus 4^{gr},981 de cet or.

419. — Un lingot d'argent est au titre de 0,825. On le fait fondre avec 2025 grammes d'argent pur et l'on obtient ainsi un lingot au titre de 0,950. Quel était le poids du 1er lingot ?

Brevet supérieur. — Aspirants.

Réponse. — Le poids du 1er lingot était de 810 grammes.

420. — La loi du 14 juillet 1866 a réduit à 0,835 le titre de la pièce d'argent de 2 fr. que la loi du 17 germinal an XI avait fixé à 0,9. Calculer d'après cela :

1° La différence, à moins d'un demi-dix-millième près, qui s'est établie ainsi entre la valeur nominale et la valeur intrinsèque de la pièce de 2 francs ;

2° Le prix, à moins d'un demi-millième, que cette valeur nominale attribue au kilogramme d'argent pur ;

3° Le nouveau rapport qui en résulte, à poids égal, entre la valeur de l'or monnayé et la valeur intrinsèque de l'argent monnayé à 0,835 ;

4° Ce que vaut au change des monnaies le kilogramme d'argent monnayé à 0,835 de fin, en sachant que ce change est fixé, par le tarif du 1ᵉʳ avril 1854, à 1ᶠ,50 par kilogramme d'argent à 0,900 de fin et qu'il varie dans le même rapport que le titre.

Brevet supérieur. Aspirants.

Réponse. — 1ᵉ La valeur de la pièce de 2 francs est diminuée de 4 centimes et demi.

2° Le prix du kilogr. d'argent pur serait de 239ᶠ,52.

3° Le nouveau rapport serait de 16,706.

4° La valeur du kilogramme d'argent monnayé à 0,835 serait de 184ᶠ,16 au change.

Note sur la fabrication de l'orfèvrerie et de la bijouterie.

(Extrait de l'Annuaire du bureau des longitudes.)

La fabrication des ouvrages d'or et d'argent est régie en France par la loi du 19 brumaire an VI, relative à la surveillance du titre et à la perception des droits de garantie des matières et ouvrages d'or et d'argent.

Les titres dont les fabricants peuvent faire usage sont :
pour l'or 920 millièmes, 840 millièmes, 750 millièmes ;
pour l'argent 950 millièmes, 800 millièmes.

La tolérance de titre est : pour l'or 3 millièmes ; pour l'argent 5 millièmes.

Aucun objet d'or ou d'argent ne peut être mis en vente sans avoir été présenté à un bureau de garantie et revêtu de l'empreinte des poinçons de l'État, après essai constatant qu'il est au titre légal.

Aux termes de l'article premier de l'arrêté des consuls du 5 germinal an XII, il ne peut être frappé de médailles ou jetons ailleurs que dans les ateliers de la Monnaie, à moins d'une autorisation spéciale du gouvernement.

Le titre des médailles et jetons frappés à la Monnaie de Paris est de 916 millièmes pour l'or et 950 millièmes pour l'argent.

CHAPITRE VIII

PROBLÈMES SUR LES INTÉRÊTS.

Règles et conseils.

RÈGLES. — 1° Pour trouver l'intérêt d'un capital au bout d'un an, on multiplie le capital par le taux et on divise le produit par 100.

Remarque. — Au taux de 5 %, l'intérêt est la 20ᵉ partie du capital et réciproquement le capital vaut 20 fois l'intérêt.

2° Pour trouver l'intérêt au bout d'un certain nombre de mois, on multiplie le capital par le taux et par le nombre de mois et on divise le produit par 1200.

Remarque. — S'il s'agit de l'intérêt pour 6 mois, on prend la moitié de celui d'un an ; pour 3 mois, on prend le quart de l'intérêt d'un an ; pour 4 mois, on prend le tiers de l'intérêt d'un an.

3° Pour trouver l'intérêt au bout d'un certain nombre de jours, on multiplie le capital par le taux et par le nombre de jours et on divise le produit par 36 000.

Remarque. — Il importe, surtout aux candidats du brevet supérieur, de ne pas ignorer la simplification suivante de la règle pour les taux de 6,5, $4\frac{1}{2}$ et 4 %.

On multiplie le capital par le nombre de jours et on divise le produit : par 6000 au taux de 6 % ; par 7200 au taux de 5 % ; par 8000 au taux de 4,5 % ; par 9000 au taux de 4 %.

CONSEILS. — 1° Lorsque dans les compositions de l'examen les candidats ont à chercher l'une des quatre quantités : l'intérêt, le capital, le taux et le temps, les trois autres étant données, ils ne doivent pas se contenter d'énoncer la règle et de l'appliquer, mais exposer le raisonnement tout entier comme si la règle ne leur était pas connue, en ayant soin cependant d'éviter les trop longs détails. -

2° Au lieu de conserver le diviseur 100 comme dénominateur, il est préférable d'effectuer la division par 100 au moyen de la virgule.

3° Quand on doit chercher l'intérêt d'un capital composé seulement d'un nombre de centaines de francs, il serait puéril de chercher d'abord l'intérêt de 1 franc. Dans ce cas, il n'y a qu'à multiplier le taux par le nombre des centaines.

4° Le plus souvent il y a avantage à remplacer le capital 100 fr. par le capital plus simple de 1 fr. Par exemple, on veut chercher le capital qui augmenté de son intérêt au bout de 3 mois à 4 % a pris une valeur de 832^f,24.

On raisonne de la manière suivante :

1 fr. au bout de 1 an produit 0^f,04.

Au bout de 3 mois l'intérêt serait 0^f,01.

Au bout de 3 mois 1 fr. devient 1^f,01.

Donc le capital cherché contient autant de francs qu'il y a de fois 1,01 dans 832^f,24.

Ce capital est 832,24 : 1,01 = 824 fr.

De là cette règle : pour trouver le capital qui, augmenté de son intérêt au bout d'un certain temps a pris une valeur donnée, il faut diviser cette valeur par 1 plus l'intérêt d'un franc pendant ce temps.

NOTA. — Il serait trop long d'indiquer toutes les simplifications à appliquer dans ces calculs. On les verra dans les solutions développées que renferme le *Livre du maître*.

§ I. — PROBLÈMES SUR LES INTÉRÊTS SIMPLES.

421. — Quelle est la somme qui à 4 % par an rapporte 295^f,73 d'intérêt en 3 mois?

Certificat d'études primaires. — Paris, 1880.

Réponse. — Cette somme est 29 573 fr.

422. — Quel est le capital qui, placé à 5 %, rapporte 424 fr. en 147 jours?

Brevet élémentaire. Aspirants. — Toulouse.

Réponse. — Ce capital est 20 767^f,35.

423. — Un capital placé à 5 % par an, pendant 4 ans et 140 jours, a produit 2772^f,16 d'intérêt simple. Quel est ce capital ?

Brevet élémentaire. Aspirantes. — Paris, 1876.

Réponse. — Ce capital est 12 632^f,62.

424. — Une personne a placé un certain capital à 5 % pendant 1 an 2 mois 12 jours. Au bout de ce temps, les intérêts joints au capital ont formé une somme de 27 178^f,40. On demande quel était ce capital?

Brevet élémentaire. Aspirantes. — Paris, 1876.

Réponse. — Le capital était de 25 640 fr.

425. — Quel est le capital qui, réuni à ses intérêts pendant 3 mois et 6 jours, au taux de 4,5 % par an, forme un total de 875^f,38 ?

Brevet élémentaire. Aspirantes. — Paris, 1881.

Réponse. — Le capital est de 865 fr.

426. — Calculer le temps au bout duquel un capital de 76 800 fr. an taux de 4,75 % produit un intérêt de 2128 fr.

Brevet élémentaire. Aspirantes. — Paris, 1881.

Réponse. — Au bout de 210 jours.

427. — Une somme de 2800 fr. a donné 160 fr. d'intérêt au taux de 4,5 %. Pendant combien de temps a-t-elle été placée ?

Brevet élémentaire. Aspirantes. — Clermont, 1876.

Réponse. — Pendant 1 an 3 mois 7 jours.

428. — Une somme est déposée chez un banquier où elle porte intérêt à 3 %. On la retire au bout de 255 jours et l'on touche 2859^f,50, pour le capital et les intérêts. Quelle somme avait-on placée ?

Brevet élémentaire. Aspirants. — Novembre 1881.

Réponse. — On avait placé une somme de 2800 fr.

429. — Le 1er février 1880, on a placé une certaine somme à intérêts simples, au taux de 4,5 % par an, et le 1er avril 1881, on a retiré en tout, intérêts et capital compris, 6104^f,50. Quelle était la somme placée ?

Brevet élémentaire. Aspirantes. — Novembre 1881,

Réponse. — La somme placée était de 5800 fr.

430. — Un capital placé à 4,5 % s'est accru des $\frac{2}{9}$ de sa valeur à intérêts simples ; combien de temps est-il resté placé ?

Brevet supérieur. Aspirantes. — Paris, 1877.

Réponse. — Pendant 4 ans 11 mois 7 jours.

431. — On a prêté un capital à un taux tel que le total des intérêts simples pendant 5 ans égale les $\frac{3}{12}$ du capital prêté. Trouver ce taux.

Brevet supérieur. Aspirantes. — Nancy, 1871.

Réponse. — Le taux est 5 %.

432. — Une personne avait 16 000 fr. placés à 6 % chez un banquier et au bout de 8 mois elle retire 6400 fr. Combien recevra-t-elle à la fin de l'année, si elle retire le reste de son argent avec l'intérêt ?

Brevet supérieur. Aspirantes. — Rennes.

Réponse. — On retirera à la fin de l'année 10 444^f,80.

433. — Un propriétaire emploie une somme de 73 600 fr. à l'achat d'un champ. Ce champ a produit 2480 gerbes de blé ; 5 gerbes fournissent 2 décalitres et demi de blé et le blé vaut 3^f,80 le double-décalitre. Chercher à quel taux se trouve placé l'argent de ce propriétaire dans cette acquisition.

Brevet élémentaire. Aspirantes. — Bordeaux, 1879.

Réponse. — Le taux du placement est de 3^f,20 %.

434. — J'ai acheté un champ qui rapporte en moyenne 430 fr. de revenu par an. Les droits de mutation, les frais de notaire et autres se sont élevés à 10 % du prix d'achat. Calculez ce prix, en sachant que, tout compté, mon argent se trouve placé à 4,5 %.

Brevet élémentaire. Aspirants.

Réponse. — Le prix d'achat est de 8686^f,87.

435. — Une personne a placé à intérêts simples, au taux de 3 %, un capital dont les intérêts au bout de 10 ans 5 mois lui ont servi à acheter un pré de 37 ares 8 centiares, à raison de 0^f,45 le mètre carré. On demande quel est ce capital ?

Brevet élémentaire. Aspirants. — Caen, 1876.

Réponse. — Le capital est de 5340 fr.

436. — Les 4 cinquièmes d'une somme placés à 3,95 % rapportent 1125 fr. d'intérêt en 9 mois. Quelle est cette somme ?

Certificat d'études primaires. — Chaumont, 1881.

Réponse. — La somme est 47 468^f,35.

437. — Un homme a placé son argent à 4 % pendant 8 mois. S'il l'avait placé à 4,50 % pendant le même temps, il aurait retiré 20 fr. d'intérêt de plus. Trouver quel est le capital placé.

Brevet élémentaire. Aspirantes.

Réponse. — Le capital placé est de 6000 fr.

438. — Un capital et ses intérêts forment au bout de 15 mois une somme de 1309^f,75. Au bout de 8 mois, ce capital avec ses intérêts s'élèverait à 1277^f,20. Trouver le capital et le taux.

Certificat d'études primaires. — Meurthe-et-Moselle, 1880.

Réponse. — Le capital est de 1240 fr.; le taux 4,5 %.

439. — Une institutrice ayant fait des économies a placé à la fin de chaque trimestre de l'année 1879 des sommes égales rapportant intérêt à 4 % l'an. Au 1er janvier 1880, elle avait à son compte 1218 fr. comprenant les sommes placées et leurs intérêts. Quelle somme avait-elle placée à la fin de chaque trimestre?

Brevet élémentaire. Aspirantes. — Paris, 1880.

Réponse. — Elle a placé par trimestre 300 fr.

440. — On a placé les $\frac{2}{3}$ d'un capital à 5 % et le reste à 4,5 % et on a retiré au bout de l'année 15 725 fr., intérêt et capital réunis. Trouver ce capital.

Brevet supérieur. Aspirantes. — Grenoble, 1879.

Réponse. — Le capital est de 15 000 fr.

(Voir ALG., *Solutions raisonnées.* Problème 59.)

441. — Un homme place les $\frac{2}{5}$ d'un capital à 6 % et en retire un revenu annuel de 959^f,60. Le reste du capital est placé à 4,5 %. Trouver le revenu total que cet homme a au bout de l'année; trouver aussi le taux unique auquel il faudrait placer tout le capital pour avoir le même revenu.

Admission à l'École normale des instituteurs de la Seine. — 1875.

Réponse. — Le revenu total est de 1996^f,65.

Le taux unique serait 5,10 %.

442. — Une personne a placé les $\frac{2}{5}$ de son capital à 3 % et le reste à 4,50 %; elle en retire ainsi 1950 fr. de rente annuelle. Quel est ce capital?

Brevet supérieur. Aspirantes. — Rennes, 1871.

7.

Réponse. — Le capital demandé est de 50 000 fr.

443. — Une personne place les $\frac{3}{4}$ d'un capital à 4,75 % et le reste à 5,5 % et retire ainsi 493 fr. d'intérêt pour 72 jours. Trouver quel est ce capital. On comptera l'année de 360 jours.

Brevet élémentaire. Aspirants. — Lyon, 1876. — Caen, 1879.

Réponse. — Le capital est de 49 924^f,05.

(Voir ALG., *Solutions raisonnées.* Problème 58.)

444. — Une personne a placé les $\frac{3}{5}$ de ses fonds à 4 % et le reste à 6 % ; elle a ainsi une rente annuelle de 9984 fr.

On demande : 1° dans quel rapport sont entre elles les deux portions de la rente annuelle et quelles sont les valeurs de ces deux portions ; 2° quelles sont les valeurs des deux parties du capital, placés l'une à 4 % et l'autre à 6 % ; 3° quel est le total du capital et à quel taux moyen il se trouve ainsi placé.

Brevet élémentaire. Aspirantes. — Paris, 1879.

Réponse. — 1° Les deux portions de la rente sont égales à 4992 fr.

2° Il y a 124 800 fr. placés à 4 %, et 83 200 fr. placés à 6 %.

3° Capital total 208 000 fr. Taux moyen du placement 4,80 %.

445. — Un homme a placé les 0,35 d'un capital à 4 % ; les 0,45 à 5 % et le reste à 6 %. Il retire ainsi un revenu annuel de 15 132 francs. Trouver ce capital et ses trois parties.

Admission à l'école des Arts-et-Métiers. — 1876.

Réponse. — Le capital total est de 312 000 fr.

A 4 %, il y a 109 200 fr.; à 5 %, 140 400 fr.; à 6 %. 62 400 fr.

446. — Un capital a fourni trois placements différents. Les $\frac{2}{3}$ ont été placés à 4 % ; $\frac{1}{6}$ à 4,50 % ; le reste à 5 %. Au bout de 16 mois, on a retiré intérêts et capital et on a touché une somme totale de 38 991 fr. On demande : 1° quelle était la valeur du capital primitif ; à quel taux unique il eût fallu placer le tout pour arriver au même résultat au bout du même temps.

Brevet supérieur. Aspirants. — Juillet 1880.

Réponse. — Le capital placé est de 36 900 fr.

Le taux unique demandé serait 4,25 %.

447. — Une personne place $\frac{1}{4}$ de sa fortune à 3 %; les $\frac{2}{5}$ à 4 %
et le reste à 6 %. Au bout de 3 mois, elle retire pour les intérêts
réunis de ces trois parties la somme de 4000 fr. Quel capital avait-
elle ? Quelles sont les trois parties placées à 3, à 4, à 6 % ?

Brevet élémentaire. Aspirants. — Toulouse, 1871.

Réponse. — Capital : 359 550^f,56.

       1re partie à 3 % : 89 887^f,64.

       2e partie à 4 % : 143 820^f,22.

       3e partie à 6 % : 125 842^f,70.

448. — Un homme a placé deux capitaux à intérêts simples,
le 1er à 4 % et le 2e à 5 %. Il a retiré au bout de 7 ans 9 mois
une somme de 23 800 fr. pour le capital et les intérêts réunis.
Trouver quels sont ces deux capitaux, en sachant que le 1er n'est
que les $\frac{5}{6}$ du 2e.

Brevet supérieur. Aspirantes. — Aix, 1879.

Réponse. — Le 1er capital est 8000 fr.; le 2e capital, 9600 fr.

449. — Un propriétaire, ayant vendu son domaine, s'est fait
une rente annuelle de 1450 fr., en plaçant les $\frac{2}{3}$ du produit de la
vente à 5 %. Quelle était l'étendue de la propriété en hectares et
en centiares, le prix du mètre carré étant de 0^f,24 ?

Certificat d'études primaires. — Charente, 1880.

Réponse. — Le domaine avait 18 hectares 12 ares 50 centiares

450. — On achète une propriété pour 10 700 fr. Les droit
d'enregistrement sont de 5,5 %, plus le double-décime sur les
mêmes droits. Dire : 1° le prix total de revient de cette propriété;
2° le taux auquel se trouve placé le capital de cette acquisition,
si la propriété rapporte 375 fr. par an.

Certificat d'études primaires. — Vaucluse, 1880,

Réponse. — La propriété revient à 11 406^f,20.

Elle rapporte par an 3,28 %.

451. — Un négociant achète des marchandises, à raison de
360 fr. le quintal métrique et les revend 5 mois et demi après à
raison de 3765 fr. la tonne. A quel taux a-t-il placé son argent ?

Brevet élémentaire. Aspirantes. — Paris, 1879.

Réponse. — Le taux est 10 %.

452. — La fortune d'une personne est partagée en deux parties

égales et la 1re partie placée à 5 %, rapporte annuellement 60 fr. de plus que l'autre moitié qui est placée à 4,5 %. Quelle est la fortune de cette personne ?

Brevet élémentaire. Aspirants. — Cantal, 1877.

Réponse. — La fortune est de 24 000 fr.

453. — Une citerne ayant 3^m,4 de long, 1^m,7 de large et 2^m,7 de profondeur est pleine de vin jusqu'aux 3 cinquièmes de sa hauteur. Ce vin est vendu à raison de 44^f,50 l'hectolitre et le prix en est placé à 6 % par an. On demande quel est le revenu mensuel que retire ainsi le propriétaire.

Certificat d'études primaires. — Paris, 1880.

Réponse. — On retire un revenu mensuel de 20^f,83.

454. — Un ménage a acheté à crédit, le 4 décembre 1876, un ameublement estimé 675 fr. Il doit payer l'intérêt à 6 %. Le 15 mai 1877 il a versé 260 fr.; le 12 décembre suivant 325 fr. On demande de régler le compte au 15 juin 1878.

Examen des cours d'adultes. — Paris, 1878.

Réponse. — Au 15 juin on redoit 124^f,98.

455. — Deux sœurs veulent acheter en commun 3800 fr. de rentes 5 %. Quel capital devront-elles fournir, le cours du 5 % étant à 117^f,25 et les frais s'élevant à 8 fr. pour 1000 fr. de rente ?

Certificat d'études primaires. — Ardennes, 1880.

Réponse. — Le total à débourser est de 89 140^f,40.

456. — Le 10 novembre 1881, le cours de la rente 3 % était 86,40; le cours de la rente 5 % était 117,20. A quels taux plaçait-on son argent, en achetant ce jour-là chacune de ces deux rentes ?

Brevet élémentaire. Aspirantes.

Réponse. — Le taux du placement est 3,47 en rentes 3 %; il est 4,266 en rentes 5 %.

457. — Une personne veut acheter de la rente 5 %. A quel prix doit-elle l'acheter pour que son argent lui rapporte 5,5 % ? Quel capital doit-elle placer pour avoir 2000 fr. de rente?

Certificat d'études primaires. — Sceaux, 1878.

Réponse. — Il faut acheter au cours de 90,91.

Le capital sera de 36 363^f,60.

458. — La rente 5 % étant à 76,75, à quel taux place-t-on l'argent en achetant de cette rente ? Quelle somme faut-il débourser pour avoir 1200 fr. de rente ?

Examen des cours d'adultes. — Paris, 1878.

Réponse. — Le taux du placement est 3,90 %..
Le capital à débourser est de 30 700 fr.

459. — Une personne retire 30 000 fr. placés à 4,6 % et elle achète 23 obligations du chemin de fer de l'Ouest, qui rapportent 6^f,98 par semestre et qui lui coûtent chacune 308 fr. Avec le reste de son argent, elle achète de la rente 5 % au prix de 103^f,80. Aura-t-elle plus ou moins de revenu que dans le 1er placement et quelle sera la différence ?

Brevet supérieur. Aspirants. — Rennes, 1876.

Réponse. — Le 2° placement rapporte 44^f,93 de plus que le 1er.

460. — Calculer la valeur d'une somme dont les $\frac{3}{5}$ sont placés à 5 % et le reste à 4,5 %, en sachant que l'intérêt total annuel est inférieur de 151^f,43 au titre de rente 5.% qu'on aurait acheté au cours de 112,50 avec un capital de 28 800 fr. On tiendra compte des frais de courtage qui sont de $\frac{1}{8}$ % du capital et 1^f,80 de timbre.

Brevet supérieur. Aspirantes. — Grenoble, 1879.

Réponse. — La somme placée est de 23 476^f,87.

461. — Une personne a prêté pour une entreprise une somme de 20 000 fr. à 4 %, avec la condition qu'elle recevrait en plus des intérêts le 20° des bénéfices. Au bout d'un an elle a reçu 1250 fr. Trouver d'après cela : 1° le montant des bénéfices de l'entreprise ; 2° le chiffre des affaires, si les bénéfices sont les 0,15 de ce chiffre.

Brevet supérieur. Aspirants. — Caen.

Réponse. — Le montant des bénéfices est de 9000 fr.
Le chiffre des affaires s'élève à 60 000 fr.

462. — Une personne achète, au prix de 1^f,25 le mètre carré, un enclos de 20 ares 8 centiares. Il lui manque un 5° de la valeur de cette acquisition, et elle l'emprunte au taux de 5 %. Au bout de 18 mois, elle rembourse cet emprunt avec l'intérêt et envoie le montant par la poste, qui demande 1.% de la somme versée, 25 centimes de timbre et 15 centimes d'affranchissement. Quelle somme totale doit-on remettre à la poste ?

Certificat d'études primaires. — Corbeil, 1880.

Réponse. — Il faut remettre à la poste 545^f,45.

463. — Quelle somme faut-il placer actuellement pour recevoir au bout de 5 ans 18 jours 875 fr., intérêts et capital compris, le taux étant de 5 % par an ?

Brevet supérieur. Aspirantes. — Caen, 1876.

Réponse. — La somme à placer sera de 5737^f,70.

464. — Un particulier a prêté un certain capital à 5 % à intérêts simples. Au bout de 2 ans, on le lui rend avec les intérêts, et il place le tout dans une industrie qui lui donne un revenu de 7 %. Ce revenu étant de 1450 fr., trouver quel était le capital primitivement prêté.

Brevet élémentaire. Aspirants. — Somme, 1875.

Réponse. — Le capital prêté était de 18 831^f,16.

465. — Un négociant a deux capitaux. Le 1er, placé à 4,75 %, rapporte 2077^f,65 d'intérêt par an; le 2e, qui surpasse le 1er de 8100 fr. et qui est placé à 5,50 %, produit dans le même temps 2851^f,20 d'intérêt. Trouver ces deux capitaux.

Brevet élémentaire. — Lot, 1875.

Réponse. — Le 1er capital est de 43 740 fr.; le 2e de 51 840 fr.

466. — Une personne, qui devait payer une dette le 10 novembre, ne l'a payée que le 15 janvier suivant, ce qui a augmenté sa dette de 42 fr. Le taux de l'intérêt étant à 5 %, calculer quelle est la somme que devait cette personne.

Brevet élémentaire. Aspirants. — Douai, 1876.

Réponse. — La dette était de 4581^f,82.

467. — Un agriculteur a du blé à vendre et on lui offre 27^f,60 lo quintal métrique. Il refuse cette offre, et ne peut plus se défaire de son blé que 7 mois après, au prix de 26^f,30. A cette époque, son blé s'étant desséché a perdu 2 % de son poids. Combien cet agriculteur a-t-il perdu par quintal en refusant la première offre, si l'on tient compte de l'intérêt de l'argent à 4,5 % ?

Brevet élémentaire. Aspirants. — Mars 1881.

Réponse. — Il fait une perte de 2^f,55 par quintal.

468. — La construction d'une maison a coûté 18 500 fr. Elle est bâtie au milieu d'un terrain rectangulaire dont la longueur est de 76^m,25 et la largeur de 28^m,95. Le terrain a été payé à raison de 6870 fr. l'hectare. Combien faut-il louer la propriété pour qu'elle rapporte 5 % de revenu ?

Certificat d'études primaires. — Paris, 1877.

Réponse. — Le prix de location doit être de 1000^f,82.

469. — Dans un terrain rectangulaire de 36 mètres de long sur

$22^m,5o$ de large, payé 24 000 fr. l'hectare, on a construit une maison qui a coûté 8100 fr. La 5e partie du prix du loyer étant absorbée par les impôts et les frais d'entretien, trouver combien il faudra louer la propriété pour retirer un revenu qui représente 5 % du capital.

Certificat d'études primaires. — Aisne, 1880.

Réponse. — Le prix de location doit être de $627^f,75$.

470. — Pour un terrain rectangulaire de $27^m,5o$ de largeur, acheté le 25 novembre 1878, au prix de 85 fr. l'are, on a payé le 17 juin 1880, en capital et intérêts à 5 %, une somme totale de $2146^f,3o$. Calculer la longueur de ce terrain.

Réponse. — La longueur est de $89^m,27$.

471. — Un marchand possède une pièce de drap de 60 mètres. Il la revend de telle sorte que ce qu'il en retire lui permet d'acheter 45 fr. de rente 5 % au cours de 78,50. Combien le mètre avait-il coûté au marchand, si celui-ci a gagné dans la vente 8 % sur le prix d'achat?

Brevet élémentaire. Aspirants.

Réponse. — Le prix d'achat du mètre était de $18^f,17$.

472. — Un terrain de la contenance de 16 hectares 80 centiares a été vendu à raison de $1^f,75$ le mètre carré, et le prix en a été placé en rentes 5 % qui ont été achetées au cours de $98^f,5o$. Ce terrain était loué auparavant 11000 fr. Trouver le taux de l'augmentation de revenu que le propriétaire a ainsi obtenue.

Admission aux écoles supérieures municipales de Paris. — 1876.

Réponse. — Augmentation de 1,15 %.

473. — On veut remplacer une inscription de 320 fr. de rentes 5 % au cours de 116,60 par une autre de même chiffre, mais en rentes 3 % au cours de 82,85. Combien coûtera cet échange?

Brevet supérieur. Aspirantes. — Paris, 1880.

Réponse. — On paiera en plus $1374^f,93$.

NOTA. — A cette différence il faudrait encore ajouter les frais de négociation à payer à l'agent de change.

474. — Une personne veut échanger 500 fr. de rente italienne 5 % au cours de 66 fr. contre une même somme de rente française 3 % au cours de 59,90. Elle désire savoir s'il y aura perte ou bénéfice, et quel sera le montant de la perte ou du bénéfice?

Brevet de sous-maîtresse. — Paris, 1875.

Réponse. — Pour cet achat il faut donner en plus $3383^f,33$.

475. — On a fait vendre de la rente 3 %, par un agent de change au cours de 64^f,20. L'agent retient $\frac{1}{8}$ %, du capital plus 50 centimes de timbre et remet au vendeur 5129^f,08. Trouver combien celui-ci avait de rentes.

Brevet élémentaire. Aspirants.

Réponse. — La rente vendue était de 240 fr.

476. — Une personne a placé 600 fr. à la Caisse d'épargne au taux de 3 $\frac{3}{4}$ %. Elle retire, au bout de 6 mois 15 jours, ce capital avec ses intérêts, et emploie le tout à l'achat de rentes 3 %, au cours de 81,70. Quelle est la rente qu'elle achète ainsi ?

Certificat d'études primaires. — Belfort, 1879.

Réponse. — La rente achetée est de 22^f,50.

477. — Au 31 décembre dernier, le montant du livret de Caisse d'épargne d'une cuisinière s'élevait à 295 fr. A la fin de janvier, elle fait un versement des $\frac{3}{5}$ du salaire du mois, qui est de 45^f,50. Calculer le montant du livret au 30 avril, le taux de l'intérêt étant de 3,75 %.

Certificat d'études primaires. — Belfort. 1880.

Réponse. — Au 30 avril le montant est de 326^f,23.

478. — Une personne a pour 1255 fr. de rentes 5 %. Elle les échange contre du 3 %, au moment où à la Bourse le cours du 5 % est 116,45 et celui du 3 % 83,30. Trouver quel sera le revenu qu'elle aura après cette opération.

On devra tenir compte de la commission à payer à l'agent de change, de $\frac{1}{4}$ pour 100 fr. de capital, pour la vente comme pour l'achat, et d'un droit fixe de 2 fr.

Brevet supérieur. Aspirantes. — Ain, 1880.

Réponse. — Le revenu demandé est 1047^f,27.

479. — Une personne achète une maison pour 7020 fr.; elle doit payer de plus les frais d'adjudication qui s'élèvent à 15 %. L'acheteur doit payer au moment de l'achat les frais et une somme de 895 fr.; le reste est payable dans 4 mois ; mais les intérêts à 5 % de la somme qui est encore due courent à partir du 40e jour qui suit l'adjudication. A combien s'élève chaque paiement ?

Brevet supérieur. Aspirantes.

Réponse. — Le 1er paiement est de 2650 fr.; le 2e, de 6193f,90.

480. — Un marchand de bestiaux a fourni à un cultivateur 3 vaches et 2 génisses. Les vaches valent chacune 288 fr. et les génisses chacune $\frac{3}{7}$ du prix d'une vache. Le paiement doit s'effectuer dans 3 ans 5 mois 12 jours, en y comprenant les intérêts simples à 4,50 %. Quel sera le montant du paiement?

Brevet élémentaire. Aspirantes. — Orne, 1876.

Réponse. — Le montant du paiement sera de 1283f,51.

481. — Deux individus possèdent chacun un capital, qu'ils placent dans l'industrie de la verrerie. Celui du 1er produit 6 % et celui du 2e, qui surpasse de 9000 fr. le capital du 1er, produit 8 %. Le 2e touche annuellement en intérêts 1160 fr. de plus que le 1er. Trouver le montant de ces deux capitaux.

Brevet élémentaire. Aspirants. — Seine-et-Marne, 1878.

Réponse. — Capital du 1er, 22 000 fr.

Capital du 2e, 31 000 fr.

(Voir ALG., *Solutions raisonnées*. Problème 62.)

482. — Un particulier a prêté une certaine somme pendant 7 ans 3 mois au taux de 5 %. Le capital et les intérêts réunis à l'expiration de ce temps sont placés dans une entreprise industrielle qui rapporte 8,25 % et le particulier se fait ainsi un revenu de 2821 fr. Quel était le capital primitif?

Brevet élémentaire. Aspirantes. — Deux-Sèvres, 1880,

Réponse. — Le capital primitif était de 25 096f,50.

483. — Un homme a donné à trois personnes respectivement $\frac{1}{4}$, $\frac{1}{7}$, $\frac{2}{11}$ de sa fortune. Le reste, placé à 4,5 %, produit 1179 fr. d'intérêt par an. Quelle est la part de chaque personne et le reste de la fortune?

Brevet élémentaire. Aspirants. — Paris, 1880.

Réponse. — La 1re a 15 400 fr.; la 2e 8 800 fr.; la 3e 11 200 fr.

Le reste est de 26 200 fr.

484. — Une personne donne $\frac{1}{3}$ de sa fortune à ses neveux et emploie les $\frac{3}{5}$ du reste à diverses œuvres de bienfaisance. Elle place à 5 % le capital qui lui reste et en tire un revenu annuel de 11 386^f,39. A combien s'élevait sa fortune ?

Brevet élémentaire. Aspirantes. — Grenoble, 1878.

Réponse. — La fortune était de 853 979^f,25.

485. — Un enfant est héritier pour la moitié des 3 quarts dans la vente d'une pièce de terre et de sa récolte en blé. La pièce de terre de 4 hectares 5 ares a été vendue 1800 fr. l'hectare. La vente du blé a produit 1600 fr. et celle de la paille 200 fr. Les frais de vente et de moisson se sont élevés à 250 fr. Le produit net a été placé à 5 % au nom de l'enfant, jusqu'à sa majorité survenue au bout de 7 ans 6 mois. Quelle somme touchera l'enfant à cette époque ?

Certificat d'études primaires. — Corbeil, 1880.

Réponse. — La somme à toucher sera de 4558^f,12.

486. — Une prairie rapporte en moyenne 735 kilogrammes de foin pour 40 ares de superficie, et le regain équivaut au quart de la récolte de foin. Les frais de culture, de fauchage et d'impositions sont évalués à 36^f,25 par hectare, et le prix du foin est de 35^f,75 les 100 kilogrammes. Quelle doit être l'étendue de cette prairie pour que, en la payant 3700 fr., on ait placé son argent à 5,50 % ?

Brevet élémentaire. Aspirants. — Grenoble, 1878.

Réponse. — La prairie doit avoir 25 ares 92 centiares.

487. — Une société est formée au capital de 216 800 fr. La 1re année elle perd 9 % de son capital ; la 2e année elle perd 4,75 % du capital restant; la 3e année elle gagne 44 % du capital qui lui restait au commencement de cette année.

Trouver la valeur du capital au bout de la 3e année et le taux auquel l'argent s'est trouvé ainsi placé, à intérêts simples.

Brevet supérieur. Aspirants. — Ariège, 1877.

Réponse. — Le capital au bout de la 3e année vaut 270 600^f,22. Le taux du placement a été de 8,27 %.

488. — Un homme place une somme de 25 320 fr. à 5 % et 7 mois après un capital de 24 640 fr. à 6 %. Calculer en mois et jours : 1° le temps au bout duquel les intérêts simples produits par les deux capitaux seront égaux ; 2° le temps au bout duquel les deux capitaux augmentés de leurs intérêts simples auront pris la même valeur.

Brevet supérieur. Aspirantes. — Grenoble, 1880.

Réponse. — Dans le 1er cas 41 mois 21 jours.

Dans le 2º cas 6 ans 8 mois 4 jours.

(Voir ALG., *Solutions raisonnées.* Problème 63.)

489. — Un propriétaire a la 5ᵉ partie de sa fortune placée en valeurs industrielles qui lui rapportent en moyenne 5,65 %; les $\frac{2}{3}$ du reste consistent en maisons dont il retire, tous frais prélevés, 7,35 %; le surplus est en terres qui ne lui donnent que 2,70 % de revenu. Son revenu annuel étant de 8655 fr., trouver la valeur de sa fortune.

Brevet élémentaire. Aspirants. — Paris, 1880.

Réponse. — Sa fortune est de 150 000 fr.

490. — Un marchand possédant 300 pièces de vin désire acheter avec le produit de leur vente une maison de 44 850 fr. Mais de cette vente il n'a pu retirer qu'une somme telle que pour payer la maison il faudrait ajouter à cette somme le 10ᵉ de cette somme plus 1950 fr. On demande le prix de vente de chaque pièce de vin et pendant combien de temps on devra placer le produit de la vente à 6 % à intérêts simples, pour que les intérêts ajoutés au capital constituent une somme égale au prix de la maison.

Brevet élémentaire. Aspirants. — Poitiers, 1877.

Réponse. — La pièce de vin doit être vendue 130 fr.

La durée du placement sera de 2 ans 6 mois.

(Voir ALG., *Solutions raisonnées.* Problème 66.)

491. — Une personne qui possède 61 000 fr. en a placé une partie à 4,50 % et l'autre à 3,50 %; elle obtient ainsi un revenu total de 2445 fr. Quelles sont ces deux parties?

Brevet supérieur. Aspirantes. — Paris, 1878.

Réponse. — La 1re partie est de 31 000 fr.; la 2ᵉ partie est de 30 000 fr.

(Voir ALG., *Solutions raisonnées.* Problème 56.)

492. — Une personne ayant fait deux parts d'un capital de 45 000 fr. a placé la 1re à 5,50 % et la 2ᵉ à 4 %, ce qui lui fait un revenu annuel de 2002ᶠ,50. Quelles sont les deux parts?

Brevet supérieur. Aspirants. — Paris, 1877.

Réponse. — La 1re part est de 13 500 fr.; la 2ᵉ part de 31 500 fr.

(Voir ALG., *Solutions raisonnées.* Problème 57.)

493. — On a placé à intérêts simples deux capitaux qui ont entre eux le même rapport que les nombres $3\frac{3}{4}$ et $4\frac{5}{6}$. Le 1er placé à 4 °/₀ pendant 6 ans 4 mois a produit 1071 fr. d'intérêt de plus que le 2e placé à 3 °/₀ pendant 4 ans et demi. Quels sont ces capitaux ?

Brevet supérieur. Aspirantes.

Réponse. — Le 1er capital est de 13 500 fr.; le 2e capital est de 17 400 fr.

494. — Un homme a placé un capital à intérêts simples; d'abord la moitié à 5 °/₀, et 6 mois après l'autre moitié à 6 °/₀. Trois ans et 9 mois après le 1er placement, on lui paie la totalité des intérêts en lui donnant les 0,9 en monnaie d'or et l'autre 10e en monnaie d'argent. La somme qui lui est ainsi payée pèse 42 kilogrammes 875 grammes. Calculer d'après cela le total des intérêts et le capital.

Brevet supérieur. Aspirants. — Poitiers, 1877.

Réponse. — Le capital était de 550 760 fr.

Le total des intérêts est de 120 478ᶠ,75.

(Voir ALG., *Solutions raisonnées.* Problème 65.)

495. — Expliquer ce qu'on entend par le calcul des intérêts d'après la méthode des nombres et des diviseurs[1].

Établir d'après cette méthode l'intérêt que prélèverait un banquier sur les cinq effets suivants escomptés aujourd'hui 15 juillet, au taux de 5 °/₀ : 4500 fr. payables le 25 août; 1500 fr. le 30 décembre; 3450 fr. le 5 septembre; 6490 fr. le 15 novembre; 2645ᶠ,60 le 20 octobre.

Brevet supérieur. Aspirantes. — Douai, 1879.

Réponse. — L'intérêt à prélever sera de 227ᶠ,38.

§ II. Problèmes sur les intérêts composés.

496. — Que devient une somme de 6000 fr. au bout de 3 ans, si on laisse les intérêts s'accumuler, le taux étant 6 °/₀ ?

Brevet de sous-maîtresse. — Paris, 1878.

Réponse. — La somme devient 7146ᶠ,09.

---

1. On trouvera dans notre *Traité d'arithmétique pour l'enseignement spécial* l'exposé détaillé et complet de toutes les règles relatives à l'intérêt et à l'escompte avec des modèles de comptes-courants d'intérêts.

497. — Calculer l'intérêt composé, à 5 % et pour 3 ans, d'une somme de 1200 fr., en indiquant l'approximation.

Brevet supérieur. Aspirants. — Caen, 1879.

Réponse. — L'intérêt est exactement de 189ᶠ,15.

498. — Quelle somme faut-il placer actuellement à 5 %, pour obtenir 10 000 fr., au bout de 5 ans, en laissant les intérêts se capitaliser ?

Brevet supérieur. Aspirants. — Paris, 1876.

Réponse. — Il faut placer une somme de 7835ᶠ,25.

499. — Une personne place une somme à 6 %, à intérêts composés, pendant 3 ans. Au bout de ce temps, on lui rembourse 89 326ᶠ,20. Quel était le capital primitivement placé ?

Certificat d'études primaires complètes. — Alpes-Maritimes, 1880.

Réponse. — Le capital primitif était de 75 000 fr.

500. — Un capital inconnu, placé à intérêts composés à 5 % par an, s'est élevé à 564 921 fr. au bout de 5 ans et 4 mois. Quelle était la valeur de ce capital ?

Brevet supérieur. Aspirants. — Douai, 1879.

Réponse. — Le capital était de 480 000 fr.

501. — Pour un tapis rectangulaire, acheté au prix de 27ᶠ,50 le mètre carré, on aurait dû payer au bout de 3 ans, y compris les intérêts composés à 5 %, la somme de 275ᶠ,0517. La largeur du tapis étant les deux tiers de sa longueur, calculer les dimensions de ce tapis.

Brevet supérieur. Aspirantes. — Juillet 1880.

Réponse. — La longueur est de 3ᵐ,60 ; la largeur de 2ᵐ,40.

502. — A quel taux a été placé un capital de 20 000 fr. dont les intérêts composés se sont élevés au bout de 5 ans à 3152ᶠ,50 ?

Brevet supérieur. Aspirants.

Réponse. — Le taux était 5 %.

503. — Un oncle a deux neveux âgés, l'un de 16 ans et l'autre de 18 ans. En mourant, il leur lègue une somme de 60 000 fr. qu'ils doivent se partager de telle sorte que chaque part augmentée de ses intérêts composés à 5 % prenne la même valeur, quand le possesseur atteindra l'âge de 20 ans. Que revient-il à chacun ?

Brevet élémentaire. Aspirantes. — Besançon, 1879.

Réponse. — La part du cadet est de 28 537ᶠ,45.
La part de l'aîné est de 31 462ᶠ,55.

504. — Au taux de 4,5 %, un capital prend, au bout de 2 ans

8 mois, capital et intérêts simples compris, une valeur de 6258 fr. Quel était ce capital?

S'il avait été placé pendant 3 ans à intérêts composés, quelle valeur aurait-il prise?

Brevet supérieur. Aspirants. — Dijon.

Réponse. — Le capital demandé est de 5587ᶠ,50.

A intérêts composés il aurait valu 6376ᶠ,26.

505. — Les sommes déposées à la Caisse d'épargne produisent 3 et demi pour cent d'intérêt annuel.

Trouver ce qu'un homme doit retirer de la Caisse 14 mois après un versement de 150 fr., les intérêts étant calculés tous les six mois et ajoutés chaque fois au capital pour produire avec lui de nouveaux intérêts.

Certificat d'études primaires. — Neuilly, 1876.

Réponse. — Cet homme aura à retirer 156ᶠ,20.

TABLEAU

des valeurs prises par un capital de 1 franc, à intérêts composés aux taux de 3, 4, 5, 6 °/₀, depuis 1 jusqu'à 20 ans.

ANNÉES	3 °/₀	4 °/₀	5 °/₀	6 °/₀
1	1,030 000	1,040 000	1,050 000	1,060 000
2	1,060 900	1,081 600	1,102 500	1,123 600
3	1,092 727	1,124 864	1,157 625	1,191 016
4	1,125 509	1,169 859	1,215 506	1,262 477
5	1,159 274	1,216 653	1,276 282	1,338 226
6	1,194 052	1,265 319	1,340 096	1,418 519
7	1,229 874	1,315 932	1,407 100	1,503 630
8	1,266 770	1,368 569	1,477 455	1,593 848
9	1,304 773	1,423 312	1,551 328	1,689 479
10	1,343 916	1,480 244	1,628 895	1,790 848
11	1,384 234	1,539 454	1,710 339	1,898 299
12	1,425 761	1,601 032	1,795 856	2,012 196
13	1,468 534	1,665 074	1,885 649	2,132 928
14	1,512 590	1,731 676	1,979 932	2,260 904
15	1,557 967	1,800 944	2,078 928	2,396 558
16	1,604 706	1,872 981	2,182 875	2,540 352
17	1,652 848	1,947 900	2,292 018	2,692 773
18	1,702 433	2,025 817	2,406 619	2,854 339
19	1,753 506	2,106 849	2,526 950	3,025 600
20	1,806 111	2,191 123	2,653 298	3,207 135

CHAPITRE IX

PROBLÈMES SUR L'ESCOMPTE.

ESCOMPTE EN DEHORS. — L'escompte *en dehors*, autrement dit l'escompte commercial d'une somme n'est autre chose que l'intérêt que produirait cette somme depuis le jour du paiement jusqu'à celui de l'échéance.

ESCOMPTE EN DEDANS. — Il n'est pas aussi facile de définir cet escompte que l'autre : il vaut mieux dire ce que c'est qu'escompter par cette méthode.

Escompter une somme *en dedans*, c'est la remplacer par le capital qui, augmenté des intérêts qu'il produirait depuis le jour du paiement jusqu'à celui de l'échéance, prendrait une valeur égale à cette somme.

On trouve ce capital en divisant la somme par 1 augmenté de l'intérêt de 1 fr. pendant le temps indiqué.

PROBLÈMES.

506. — A combien reviennent 105 exemplaires d'un ouvrage qui se vend 2^f,35 l'exemplaire, si on donne 14 exemplaires pour 12, et si l'on fait en même temps un escompte de 5 % ?

Brevet élémentaire. Aspirantes. — Lyon, 1871.

Réponse. — Les 105 exemplaires reviennent à 200^f,93.

507. — Calculer l'escompte usuel à 6 % de 9360 fr. pour 8 mois. Chercher ensuite le capital qui, augmenté de ses intérêts à 6 % pendant 8 mois, donne 9360 fr.

Brevet élémentaire. Aspirantes. — Paris, 1878.

Réponse. — L'escompte est de 574^f,40.

Le capital demandé est 9000 fr.

508. — Le 4 janvier, un propriétaire livre à un acheteur 5 barriques de vin à 145 fr. la barrique. L'acheteur remet au propriétaire un billet à escompter de 450 fr. dont l'échéance est au 1er octobre, et veut payer le reste en espèces. Quel sera le montant de ce paiement, l'escompte étant à 6 % et pris en dehors?

Brevet élémentaire. Aspirantes.

Réponse. — On donnera en espèces 5^f,25.

509. — Un marchand a acheté pour 2560 fr. de marchandises à payer dans un an, avec une remise de 4 % par an, s'il paie plus tôt. Quelque temps après il se libère en donnant 2480^f,64. Au bout de combien de mois et de jours a-t-il fait ce paiement?

Brevet élémentaire. Aspirantes.

Réponse. — Au bout de 279 jours ou 9 mois 9 jours.

510. — Un fabricant pourrait vendre au comptant, avec escompte de 2,5 %, quatre pièces de coutil de 86 mètres chacune à 1^f,20 le mètre, et deux pièces de coutil de 88^m,20 chacune à 1^f,25 le mètre. Il refuse, et le soir il est obligé de les donner pour 1^f,15 en moyenne. Quelle est sa perte?

Certificat d'études primaires. — Vosges, 1879.

Réponse. — Il fait une perte de 19^f,01.

511. — Une personne achète de la toile pour faire 4 douzaines et demie de chemises. Il faut 5^m,25 de toile pour une chemise et la couturière demande 1^f,40 de façon. Quel sera le montant de la dépense, si la toile coûte 1^f,85 le mètre, et si l'on obtient, en payant comptant, un escompte de 3,75 pour cent?

Concours cantonal d'Arpajon. — Mars 1878.

Réponse. — La dépense totale est de 588^f,10.

512. — Une personne fait escompter par un banquier un billet de 674^f,40 payable dans 10 mois; elle reçoit 637^f,87. Quel était le taux de l'escompte?

Concours pour les élèves-maîtres des écoles de Paris. — 1877.

Réponse. — Le taux était de 6,5 %.

513. — Un homme a un billet de 1270 fr., payable dans 8 mois. Il le fait escompter par un banquier qui lui donne 1225 fr. Quel est le taux de l'escompte?

Certificat d'études primaires. — Paris, 1878.

Réponse. — Taux de 5,315 %.

514. — Un effet de commerce escompté 5 mois avant son échéance, au taux de 6%, par la méthode de l'escompte en dehors, est réduit à 3546 fr. Quelle était la valeur nominale du titre?

Brevet supérieur. Aspirants — Besançon, 1876.

Réponse. — Le titre était de 36 000 fr.

515. — On propose d'escompter un billet de 2450 fr. payable dans 58 jours. L'escompte se fait par la méthode commerciale à 6 %; de plus le banquier prélève $\frac{1}{4}$ % pour commission et $\frac{1}{10}$ % pour les frais de correspondance. Quel est le taux réel de cet escompte par an?

Brevet supérieur. Aspirantes. — Douai, 1876.

Réponse. — Le taux réel est 9,315 % par an.

516. — On escompte à 4,5 % les trois billets suivants : le 1er de 1550 fr. payable dans 6 mois 20 jours; le 2e de 1990 fr. payable dans 3 mois 10 jours; le 3e de 2480 fr. payable dans 5 mois 25 jours. Quelle somme recevra-t-on? L'année sera comptée de 360 jours.

Brevet supérieur. Aspirantes. — Aix, 1876.

Réponse. — On recevra 5902f,03.

517. — Un billet de 4500 fr. est payable le 15 juillet 1880, mais on veut le toucher le 5 mai de la même année. On le présente à un banquier qui l'escompte à 6 % et prend en outre $\frac{3}{4}$ % de commission sur la valeur nominale du billet. Quelle somme reçoit-on? L'année est prise avec 360 jours et on compte le 5 mai, mais non le 15 juillet.

Concours cantonaux. — Seine-Inférieure.

Réponse. — On reçoit 4413 fr.

518. — Un effet de commerce payable à 36 jours a été présenté à un banquier qui, outre l'escompte à 6 %, a prélevé une commission de $\frac{1}{2}$ %. Le banquier a payé 2749f,42. Quelle était la somme portée au billet?

Brevet supérieur. Aspirantes. — Besançon, 1877.

Réponse. — Le montant du billet était de 2780 fr.

519 — Une personne ne peut s'acquitter immédiatement d'une dette qu'elle doit payer aujourd'hui. Son créancier accepte un billet de 12 600 fr., payable dans 10 mois, et dans lequel on a

8

tenu compte des intérêts à 6 % pour le retard. Quelle est la somme que doit actuellement cette personne ?

Que recevra en espèces le créancier, s'il fait escompter aujourd'hui ce billet à 6 % par l'escompte en dehors ?

Brevet élémentaire. Aspirantes. — Paris, 1880.

Réponse. — Là dette actuelle est de 12 000 fr.

Après l'escompte on recevra 11 970 fr.

520. — On fait escompter au taux de 6 % un billet payable dans 2 mois et demi, et on reçoit du banquier 625^f,75. Quelle est la valeur nominale du billet d'après l'escompte en dedans et d'après l'escompte en dehors ?

Brevet élémentaire. Aspirants. — Paris, 1880.

Réponse. — Par l'escompte en dedans la valeur nominale est de 633^f,57. ; par l'escompte en dehors 633^f,67.

521. — Escompter un billet de 1500 fr. payable dans 3 mois 15 jours, le taux de l'intérêt étant de 4 %.

Brevet supérieur. Aspirantes. — Caen, 1879.

Réponse. — Le billet se réduit à 1482^f,50 par l'esc. en dehors.

— à 1482^f,70 — en dedans.

522. — Une personne a un billet de 1500 fr. payable le 1er septembre 1880. Ayant besoin d'argent, elle le porte le 1er juin chez un banquier qui le lui paie immédiatement. Calculer la somme qu'elle reçoit : 1° l'escompte usuel étant pris à 6 % ; 2° l'escompte étant pris par la méthode en dedans.

Certificat d'études primaires. — Paris.

Réponse. — On reçoit après l'escompte usuel 1477 fr.

— après l'escompte en dedans 1477^f,55.

523. — Une personne fait différentes emplettes dans un magasin, qui accorde un escompte de 5 %. Elle a acheté 6^m,85 de flanelle à 5^f,40 le mètre; une cravate de soie du prix de 8^f,75; pour 8^f,25 de mérinos, à 5^f,35 le mètre; enfin une certaine quantité de drap au prix de 17^f,45 le mètre. Elle a donné comptant un billet de 200 fr. et on lui a rendu 15^f,50. Trouver la quantité de drap achetée.

Certificat d'études primaires. — Aisne, 1877.

Réponse. — La quantité de drap est de 8^m,63.

524. — Un marchand a acheté 11922^{kg},8 d'huile de colza, au prix de 62 fr. l'hectolitre. Il paie comptant et on lui fait un escompte de 7 %. Il revend les $\frac{5}{6}$ de l'huile au prix de 73 fr. les

100 kilogr. et le reste en bloc pour 1890 fr. Calculer son bénéfice.
Le litre d'huile pèse 913 grammes.

Brevet élémentaire. Aspirantes. — Aix, 1878.

Réponse. — On fait un bénéfice de 1613^f,27.

525. — Un commerçant a acheté des marchandises pour 1780 fr.
Il paie comptant et profite d'un escompte de 3 %; puis 4 mois
après il vend à 2 mois de crédit les mêmes marchandises pour
1980 fr. Les frais de magasinage qu'il a payés le jour où il a vendu
ses marchandises se sont élevés à 20 fr. Combien a-t-il gagné pour
cent, si l'on tient compte de l'intérêt de son argent à 6 % ?

Brevet élémentaire. Aspirants.

Réponse. — Il a fait un bénéfice de 10,09 %.

526. — Un négociant achète 18 barils d'huile, pesant ensemble
1350 kilogr. poids net, à raison de 105^f,40 les 100 kilogr. et
payables dans 6 mois, mais avec la faculté de faire des avances
de paiement avec 7 % d'escompte par an. Il donne 800 fr. 45 jours
après l'achat; puis il solde le reste quelque temps après, en donnant 587^f,70. On demande de combien de jours il a dû avancer ce
dernier paement.

Brevet élémentaire. Aspirants. — Paris, 1878.

Réponse. — Le paiement a été devancé de 121 jours.

527. — Un minotier a acheté 785 hectolitres de blé à raison
de 28^f,70 les 80 kilogr. Vérification faite, on trouve que l'hectolitre pèse 78 kilogr. L'acheteur donne, argent comptant, 12 500 fr.
et solde le reste en billets à ordre, payables à 5 mois de date.
Quel devra être le montant du total de ces billets, pour que la
valeur actuelle complète la somme due pour tout le blé acheté ?
On emploiera l'escompte en dehors au taux de 6 % par an.

Brevet supérieur. Aspirants. — Poitiers, 1871.

Réponse. — Le montant des billets s'élèvera à 22 529^f,87.

528. — Trouver la valeur nominale d'un billet, qui est payable
dans 96 jours, en sachant que la différence entre l'escompte en
dehors et l'escompte en dedans à 6 % est de 1^f,28, si on l'escompte
aujourd'hui.

Brevet élémentaire. Aspirantes.

Réponse. — Le montant du billet est de 5080 fr.

529. — Un billet payable dans 70 jours, escompté aujourd'hui
à 6 %, vaudrait 1257^f,35. On demande :

1° Quelle est la somme énoncée sur le billet :

2° Quelle serait sa valeur actuelle, si l'échéance était reportée à 90 jours au lieu de 70, sans changer la somme énoncée ;

3° A quel taux ce billet devrait-il être escompté, en portant l'échéance à 90 jours, pour se réduire à la même valeur 1257ᶠ,35.

Brevet élémentaire. Aspirants. — Paris, 1881.

Réponse. — 1° Montant du billet 1272ᶠ,19.

2° Valeur actuelle 1253ᶠ,11.

3° Taux de l'escompte 4,666 %.

530. — Un homme a un billet de 1800 fr. à payer le 18 juillet. Le 7 mai, il offre de s'acquitter en donnant : un billet de 500 fr. payable le 25 mai ; un autre billet de 600 fr. payable le 4 septembre, et le reste comptant en argent. Quel sera le montant de ce reste, l'escompte étant calculé en dehors à 6 % ?

Brevet supérieur. Aspirantes.

Réponse. — Il reste à payer en argent 691ᶠ,90.

531. — Trois billets, l'un de 500 fr. à 49 jours d'échéance, le 2ᵉ de 1224 fr. à 62 jours, le 3ᵉ de 915 fr. à 30 jours, sont présentés à l'escompte par le négociant qui les possède, et on lui paie en tout 2612ᶠ,96. Quel est le taux de l'escompte ?

Brevet supérieur. Aspirantes. — Dijon, 1876.

Réponse. — Le taux est 7,33 %.

532. — On a fait escompter trois billets (escompte commercial). Le 1ᵉʳ à 5,40 % payable dans 48 jours a produit 23ᶠ,50 d'escompte. Le 2ᵉ de 2575 fr. payable dans 68 jours a été escompté à $6\frac{2}{3}$ %. Le 3° de 4832 fr. payable dans 72 jours a donné 48ᶠ,40 d'escompte

Trouver : le montant du 1ᵉʳ billet ; l'escompte du 2ᵉ ; le taux d'escompte du 3ᵉ.

Concours pour les bourses des écoles supérieures de Paris. — Paris.

Réponse. — Le montant du 1ᵉʳ billet est de 5263ᶠ,92.

L'escompte du 2ᵉ est de 52ᶠ,42.

Le taux pour le 3° est 5 %.

533. — On présente à l'escompte deux billets payables dans 45 jours et dont l'un surpasse l'autre de 1500 fr.; on reçoit 5955 fr. Le taux étant 6 %, calculer le montant de chaque billet.

Brevet élémentaire. Aspirants. — Rennes, 1879.

Réponse. — 1ᵉʳ billet 2250 fr.; 2ᵉ billet 3750 fr.

534. — Un marchand a souscrit deux billets, l'un de 4560 fr.

payable dans 8 mois, et l'autre de 3620 fr. payable dans 10 mois. Le même jour le créancier consent à recevoir pour paiement complet un titre de rentes 5 % de 380 fr , après avoir escompté le 1er billet à 6 % et le 2e billet à 5 %. Calculer quel était le cours de la rente ce jour-là.

Diplôme de fin d'études. — Angers, 1875.

Réponse. — Le cours du 5 % était à 103,25.

535. — Un billet de 951 fr. a été échangé contre un autre billet de 701 fr. payable dans 3 ans et 10 jours. L'escompte en dehors a été calculé à 4 %. Le porteur du 2e billet a dû donner en outre 234f,21 pour recevoir le billet de 951 fr. Trouver l'époque de l'échéance de ce dernier billet.

Brevet supérieur. Aspirantes.

Réponse. — L'échéance était à 2 ans 255 jours.

536. — On veut éteindre une dette de 3310f,12 payable dans 3 ans, à l'aide de trois versements égaux qui auraient lieu à la fin de chaque année. Quel sera le montant de chaque versement, le taux de l'intérêt étant 5 % et l'escompte étant pris en dehors ?

Brevet supérieur. Aspirantes. — Nancy, 1871.

Réponse. — Le montant du versement sera de 1042f,07.

537. — Un homme qui doit payer aujourd'hui une somme de 2000 fr. offre à son créancier de s'acquitter en lui donnant trois billets égaux payables, le 1er à 5 mois, le 2e à 6 mois, le 3e à 9 mois. Calculer le montant de ces billets à 6 %.

Brevet supérieur. Aspirants.

Réponse. — Le montant de chaque billet sera de 686f,57.

538. — Une personne, pour s'acquitter d'une dette, a donné à son créancier deux billets, l'un de 860 fr. payable dans 8 mois, l'autre de 580 fr. payable dans 11 mois.

Trois mois plus tard, elle offre de remplacer ces deux billets par un billet unique, payable dans un an. Le créancier accepte, à la condition que le billet sera de 1480 fr. A quel taux prête-t-il son argent ?

Brevet élémentaire. Aspirantes. — Paris, 1878.

Réponse. — Le taux est 5,75 %.

(Voir ALG., *Solutions raisonnées.* Problème 71.)

539. — Un négociant a souscrit trois obligations : la 1re de 1200 fr. payable dans 10 mois ; la 2e de 800 fr. payable dans 5 mois ; la 3e de 1000 fr. payable dans 9 mois. On lui propose de

8.

se libérer en un seul paiement à 6 mois d'échéance avec un escompte de 5 %. Quelle est la somme à payer à cette date : 1° dans le cas de l'escompte en dehors ; 2° dans le cas de l'escompte en dedans ?

Brevet supérieur. Aspirants.

Réponse. — Par l'escompte en dehors on donnera 2970^f,83.
Par l'escompte en dedans   —   2971^f,50.

540. — On doit payer aujourd'hui une somme de 1200 fr.; mais on convient avec le créancier d'acquitter cette dette en trois paiements égaux: le 1er dans 4 mois, le 2e dans 8 mois, le 3e dans un an. Calculer le montant de ces trois paiements, le taux de l'intérêt étant 6 % : 1° par la méthode de l'escompte en dehors ; 2° par la méthode de l'escompte en dedans.

Brevet supérieur. Aspirants.

Réponse. — Par l'escompte en dehors on paiera 416^f,66.
Par l'escompte en dedans   —   415^f,90.

541. — On doit une somme de 2107 fr. payable dans un an et on veut se libérer en trois paiements égaux de 4 en 4 mois, les intérêts étant calculés au taux de 6 %. De combien sera chaque paiement : 1° par l'escompte en dehors ; 2° par l'escompte en dedans?

Brevet supérieur. Aspirants.

Réponse. — Par l'escompte en dehors on paiera 687^f,70.
Par l'escompte en dedans   —   688^f,91.

542. — Une compagnie industrielle fait un emprunt en obligations de 500 fr. payables, soit en une seule fois le 1er juillet avec un escompte de 5,5 %, soit en trois fois par 125 fr. le 1er juillet, 150 fr. le 15 octobre et 225 fr. le 31 janvier de l'année suivante.

Est-il plus avantageux pour une personne dont l'argent est placé à 4,5 % d'adopter la combinaison des trois paiements partiels que de ne faire qu'un seul paiement ?

Brevet supérieur. Aspirants. — Creuse, 1879.

Réponse. — Par les trois paiem. on donne au 1er juill. 492^f,13.
Par un paiement unique on donne 482^f,50.

543. — Une personne doit trois billets : le 1er de 520 fr. payable dans 6 mois ; le 2e de 740 fr. payable dans 8 mois ; le 3e, dont le montant n'est pas connu, payable dans 165 jours. Ces trois billets peuvent être équitablement remplacés par un billet unique de

2200 fr., payable dans 7 mois. Quel est le montant du 3ᵉ billet, l'escompte étant pris en dehors à 6 %.

Brevet supérieur. Aspirantes. — Grenoble, 1879.

Réponse. — Le montant du 3ᵉ billet est de 933ᶠ,88.

(Voir ALG., *Solutions raisonnées.* Problème 70.)

544. — Un négociant doit trois billets portant la même somme et payables, le 1ᵉʳ dans 5 mois, le 2ᵉ dans 9 mois, le 3ᵉ dans 1 an 3 mois. Il s'acquitte en payant comptant une somme de 1780 fr. et en souscrivant un nouveau billet de 865 fr. payable dans 3 mois. Quelle était la valeur du billet ? L'escompte est pris en dehors et à 6 %.

Brevet supérieur. Aspirantes. — Douai, 1871.

Réponse. — Le montant du billet était de 921ᶠ,90.

545. — Une personne achète le 1ᵉʳ août 1879 une propriété moyennant la somme de 160 000 fr. à payer de la manière suivante : 30 000 fr. comptant; 35 000 fr. au bout de 30 jours; 45 000 fr. au bout de 60 jours; le reste dans 90 jours. Elle accepte ensuite l'offre de ne faire qu'un seul paiement unique équivalent. Quelle sera la date de ce paiement ? On prendra l'escompte au taux de 5 % et suivant la méthode rationnelle.

Brevet supérieur. Aspirants. — Grenoble, 1879.

Réponse. — Dans 51 jours à partir du 1ᵉʳ août c'est-à-dire le 20 septembre.

§ II. — ÉCHÉANCE MOYENNE OU COMMUNE.

546. — On a souscrit à un banquier trois billets : le 1ᵉʳ de 140 fr. payable dans 5 mois ; le 2ᵉ de 250 fr. payable dans 6 mois ; le 3ᵉ de 100 fr. payable dans 4 mois. Le banquier propose de remplacer ces trois billets par un billet unique, égal à la somme des montants des trois billets. Quelle devra être l'échéance de ce nouveau billet ?

Brevet élémentaire. Aspirants. — Besançon, 1877.

Réponse. — L'échéance sera à 5 mois 9 jours.

547. — Deux billets, l'un de 700 fr. payable au 24 juin, l'autre de 900 fr. payable au 15 août suivant, sont remplacés par un billet unique de 1600 fr. Quelle devra être l'échéance de ce dernier billet ?

Est-il nécessaire pour déterminer la date de cette échéance de connaître la date du jour où le billet unique de 1600 fr. est souscrit ?

Brevet supérieur. Aspirantes. — Besançon, 1876.

Réponse. — L'échéance sera au 23 juillet.
        La date du jour où le billet unique est souscrit est inutile.

548. — Une personne remet à son créancier le 15 avril trois billets : le 1er de 500 fr. payable le 1er mai; le 2e de 480 fr. payable le 15 juin; le 3e de 600 fr. payable le 10 août. On remplace ces billets par un billet unique de 1580 fr., montant du total des trois billets. A quelle époque fixera-t-on l'échéance de ce billet ?

Brevet supérieur. Aspirantes. — Besançon, 1879.

Réponse. — L'échéance sera au 22 juin.

549. — Un négociant a souscrit trois billets, savoir : le 1er de 2500 fr. payable le 18 avril; le 2e de 1700 fr. payable le 2 mai; le 3e de 1250 fr. payable le 30 mai. Le 31 mars, il veut remplacer ces trois billets par un seul, dont la valeur nominale soit égale à la somme des valeurs nominales des trois autres et dont l'escompte soit égal à la somme de leurs escomptes. On demande quelle sera la date de l'échéance du nouveau billet.

Brevet élémentaire. Aspirantes. — Paris, 1879.

Réponse. — L'échéance sera au 2 mai.

550. — Un débiteur s'est engagé à payer une somme de 8400 fr. en deux fois, les 2 tiers dans 6 mois et le reste dans 10 mois. Il a les fonds nécessaires pour se libérer immédiatement; mais ils sont placés chez son banquier qui lui en sert l'intérêt à 4 % par an. Quelle remise doit-on lui faire équitablement, s'il offre de payer comptant ?

Cette remise n'étant pas concédée, il est convenu que la dette sera payée plus tard en une seule fois. Quand devra se faire ce paiement unique ?

Brevet supérieur. Aspirantes. — Paris, 1877.

Réponse. — Le paiement aura lieu dans 7 mois 10 jours.

551. — On devait payer 3000 fr. dans un an; mais au moyen d'une avance qu'on a faite, il ne reste plus à payer que 1800 fr. dans 18 mois. A quelle époque cette avance avait-elle été faite ?

Brevet supérieur. Aspirantes.

Réponse. — Le 1ᵉʳ paiement a eu lieu 3 mois après l'échéance primitive.

552. — Un homme devait payer 6000 fr. dans 4 mois. Il offre de payer 2000 fr. dans 1 mois et 1000 fr. 1 mois après le 1ᵉʳ paiement. Combien de temps après le 2ᵉ paiement devra-t-il donner le reste ?

Brevet supérieur. Aspirants.

Réponse. — Le 5ᵉ paiement aura lieu 4 mois et 20 jours après le second.

553. — Un particulier a acheté pour 5000 fr. de marchandises dont le paiement doit avoir lieu dans 1 an. Mais le vendeur accepte deux acomptes : le 1ᵉʳ de 1200 fr. au bout de 4 mois ; le 2ᵉ de 600 fr. 2 mois après le 1ᵉʳ. De combien de mois sera reculée l'échéance du reste ?

Brevet supérieur. Aspirantes. — Aix, 1871.

Réponse: — Le reste sera donné 1 an 5 mois après le 2ᵉ paiement.

554. — Un marchand qui a acheté un fonds de magasin s'est engagé à le payer comme il suit : le quart dans 60 jours ; le tiers du reste 80 jours après le 1ᵉʳ paiement ; les 2 tiers du nouveau reste 70 jours après le 2ᵉ paiement ; enfin le solde, c'est-à-dire 4100 francs, 60 jours après le 5ᵉ paiement.

On demande : 1° le prix de ce fonds de magasin ; 2° l'échéance commune de tous ces paiements faits en un seul, à dater du jour de l'achat.

Brevet élémentaire. Aspirants. — Nancy, 1871.

Réponse. — Le prix d'achat est de 24 600 fr.
        L'échéance commune sera à 165 jours.

555. — Pour accorder aux particuliers un titre de rente de 50 fr. en 5 %, l'État leur demande 15 versements mensuels de chacun 80 fr. et dont le 1ᵉʳ aura lieu le 18 mars.

On demande : 1° à quelle date devrait avoir lieu un paiement unique égal à la somme des 15 versements ; 2° quelle somme devrait verser le 18 mars un particulier désirant s'acquitter en une seule fois, l'escompte étant à 5 % par an ; 3° quel est le prix d'émission du 5 % le 18 mars.

Brevet supérieur. Aspirantes. — Aisne, 1878.

Réponse. — Le paiement unique aura lieu le 18 octobre.
        La somme à payer le 18 mars est de 1165 fr.
        Le prix du 5 % est 69ᶠ,90.

CHAPITRE X

PROBLÈMES SUR LES PARTAGES PROPORTIONNELS.

1º On appelle *rapport* de deux nombres le quotient de l'un divisé par l'autre. Ainsi le rapport entre 3 et 4 est $\frac{3}{4}$, ce qui veut dire que le plus petit vaut 3 fois le quart du plus grand.

Pris en sens inverse, le rapport serait $\frac{4}{3}$, ce qui signifie que le plus grand vaut 4 fois le tiers du plus petit.

On ne peut pas établir un rapport entre deux nombres qui exprimeraient des unités de nature différente, par exemple entre 3 francs et 4 mètres.

2º On appelle *proportion* une égalité entre deux rapports.

Par exemple $\frac{3}{4} = \frac{6}{8}$ est une proportion.

Deux nombres sont *proportionnels* à deux autres, quand le rapport des deux premiers est égal au rapport des deux derniers. Ainsi les prix de deux nombres de mètres d'une même étoffe sont proportionnels à ces nombres de mètres.

3º On dit que deux nombres sont *inversement proportionnels* à deux autres lorsque le rapport des deux premiers est égal au rapport des deux autres pris en sens inverse des deux premiers.

Par exemple, si on demande de partager 100 fr. entre deux enfants âgés l'un de 3 ans et l'autre de 5 ans, en deux parts inversement proportionnelles à leurs âges, ou, comme on dit souvent, en *raison inverse* de leurs âges, cela signifie que le rapport entre la part du cadet et la part de l'aîné doit être égal au rapport qu'il y a entre l'âge de l'aîné et l'âge du cadet. En d'autres termes, la part du cadet sera les $\frac{5}{3}$ de celle de l'aîné.

PROBLÈMES.

556. — Deux tonneaux pleins de vin en contiennent ensemble 418 litres ; mais la capacité du plus petit n'est que les $\frac{5}{6}$ de celle du plus grand. Combien chacun contient-il de litres ?

Brevet élémentaire. Aspirantes.

Réponse. — Le 1er contient 190 litres ; le 2° 228 litres.

557. — Partager 180 000 fr. en deux parties telles que l'une, placée à 5 °/₀ par an, rapporte autant que l'autre placée à 4°/₀ dans le même temps.

Brevet élémentaire. Aspirantes. — Paris, 1880.

Réponse. — Il y aura 80 000 fr. à 5 °/₀ ; et 100 000 fr. à 4 °/₀.

558. — Partager 310 fr. en deux parties dont le rapport soit le même que celui de $\frac{2}{3}$ à $\frac{5}{8}$.

Brevet élémentaire. Aspirantes. — Paris, 1880.

Réponse. — La 1re part est de 160 fr.; la 2° part est de 150 fr.

559. — Partager 30 hectares en deux parties qui soient dans le rapport de $\frac{2}{3}$ à $\frac{5}{7}$. Exprimer les deux parties en mètres carrés.

Brevet élémentaire. Aspirantes. — Paris, 1877.

Réponse. — La 1re partie a 144 828mq ; la 2° partie 155 172mq.

560. — Expliquer théoriquement comment on peut trouver deux nombres dont la somme soit 1,645 et qui fassent une proportion avec 3 et 4.

Brevet élémentaire. Aspirants. — Grenoble, 1876.

Réponse. — Les deux nombres sont 0,705 et 0,940.

561. — Deux associés se partagent le bénéfice d'une affaire. La part du 1er qui vaut 7 fois la part du 2° la surpasse de 75 234 fr. Quelle est la part de chaque associé ?

Brevet élémentaire. Aspirantes. — Paris, 1881.

Réponse. — Le 1er a 87 773 fr.; le 2° 12 539 fr.

562. — Une somme de 4832 fr. doit être partagée entre trois frères Jean, Pierre et Paul, proportionnellement à leurs âges : Jean a 20 ans, Pierre 24, Paul 26. Que revient-il à chacun ?

Brevet élémentaire. Aspirants.

Réponse. — Jean a 1386^f,57 ; Pierre 1656^f,69 ; Paul 1794^f,74.

563. — Deux industriels se sont associés pour une entreprise. Le 1er en qualité de gérant a prélevé 10 % sur les bénéfices ; le reste a été partagé proportionnellement aux mises, et le 1er a ainsi reçu en tout 15 250 fr. Trouver quelle a été la part du 2e, en sachant que sa mise était les $\frac{3}{5}$ de celle du 1er.

Brevet élémentaire. Aspirants.

Réponse. — La part du 2e a été de 6750 fr.

564. — Un père partage sa fortune entre ses trois fils, de façon que leurs parts soient inversement proportionnelles à leurs âges ; les enfants ont 7 ans, 8 ans et 12 ans. L'aîné devant recevoir pour sa part une somme de 57 985 fr., quelles sont les parts des deux autres ?

Brevet supérieur. Aspirants. — Dijon, 1879.

Réponse. — Le plus jeune a reçu 65 113^f,71.
Le second a eu 56 974^f,50.

565. — La somme de trois nombres est égale à 6,8. Le second est la 8e partie du premier et le troisième est les $\frac{5}{7}$ du second. Quels sont ces trois nombres ?

Brevet élémentaire. Aspirantes. — Paris, 1879.

Réponse. — Le 1er nombre est 5,6 ; le 2e 0,7 ; le 3e 0,5.

566. — Ranger par ordre de grandeur les remises proportionnelles faites par trois marchands qui ont livré pour 128 fr., 21^f,50, et 7^f,50 des objets cotés 132 francs. 24^f,80, et 9^f,20.

Brevet supérieur. Aspirantes. — Chambéry, 1871.

Réponse. — Le 1er a remis $^0/_0$ 3,03 ; le 2e 15,30 ; le 3e 18,47.

567. — Deux associés avaient mis en commun pour une entreprise 72 000 fr. ; mais la mise du 2e n'était que les $\frac{2}{3}$ de celle du 1er. Ils ont fait un bénéfice de 36 %. Quelle part du bénéfice revient-il à chacun ?

Brevet élémentaire. Aspirantes.

Réponse. — Le 1er aura 10 368 fr. ; le 2e 15 552 fr.

568. — Deux associés ont mis en commun 60 000 fr. en commerce, et quand le bénéfice a été partagé entre eux proportionnellement à leurs mises, le 1er a reçu 1680fr. de plus que le 2e. Le bénéfice total ayant été de 12 600 fr., trouver la mise de chacun.

Brevet élémentaire. Aspirants.

Réponse. — Le 1er a mis 34 000 fr.; le 2e 26 000 fr.

569. — On partage une somme de 2704 fr. entre trois personnes, de manière que la part de la 1re soit les $\frac{3}{4}$ de celle de la 2e et que celle de la 2e soit les $\frac{4}{5}$ de celle de la 3e. Que revient-il à chaque personne?

Brevet élémentaire. Aspirantes. — Paris, 1879.

Réponse. — La 1re a 676 fr.; la 2^e $901^f,33$; la 3^e $1126^f,67$.

570. — Une somme de 2100 fr. doit être partagée entre trois personnes. La part de la 1re doit être les $\frac{2}{3}$ de celle de la 2e; celle de la 2e doit être les $\frac{4}{5}$ de celle de la 3e. Combien revient-il à chaque personne?

Brevet élémentaire. Aspirantes. — Paris, 1876.

Réponse. — La 1re reçoit 480 fr.; la 2e 720 fr.; la 3e 900 fr.

571. — Trois personnes héritent d'une somme de 2925 fr., qui doit être partagée entre elles, de manière que la 3e ait autant que les deux autres et que la 1re ait 250 fr. de moins que la 2e. Chercher les trois parts et calculer l'intérêt que chacune rapportera au bout d'un an à 4,5 %.

Brevet élémentaire. Aspirantes. — Paris, 1877.

Réponse. — 1re part $606^f,25$; intérêt $27^f,28$.
2e part $856^f,25$; intérêt $38^f,53$.
3e part $1462^f,50$; intérêt $65^f,81$.

572. — Partager 1800 fr. entre trois personnes, de manière que la 2e ait les $\frac{2}{5}$ de la part de la 1re plus 150 fr., et que la 3e ait les $\frac{3}{4}$ de la part de la 2e moins 120 fr.

Brevet élémentaire. Aspirantes. — Dijon. 1879.

Réponse — La 1re aura 975 fr.; la 2e 540 fr.; la 3e 285 fr.

(Voir ALG., *Solutions raisonnées.* Problème 32.)

9

573. — Dans un département le nombre des écoles de filles est les $\frac{5}{8}$ du nombre des écoles de garçons, et le nombre des écoles mixtes est les $\frac{2}{7}$ du nombre des écoles de filles. De plus la population moyenne de chaque école est de 95 élèves ; la population scolaire du département est les 0,15 de la population totale et la population totale est de 383 800 habitants. Trouver le nombre des écoles de garçons.

Brevet supérieur. Aspirantes. — Mars 1882.

Réponse. — Il y a 336 écoles de garçons.

574. — Partager 6490 fr. entre quatre personnes sous les conditions suivantes. La 1re aura 100 fr. de plus que la 2e; la 2e 240 fr. de plus que la 3e ; la 3e 350 fr. de plus que la 4e.

Brevet élémentaire. Aspirantes. — Paris, 1877.

Réponse. — 1re 1905 fr.; 2e 1805 fr.; 3e 1565 fr.; 4e 1215 fr.

(Voir Alg., *Solutions raisonnées*. Problème 30.)

575. — Trois villes doivent se partager 5940 fr. proportionnellement à leur population. La population de la 1re est à celle de la 2e comme 3 est à 5 et celle de la 2e est à celle de la 3e comme 8 est à 7. Quelle somme revient-il à chaque ville ?

Brevet supérieur. Aspirantes. — Bordeaux, 1871.

Réponse. — La 1re ville aura 1440 fr.; [la 2e aura 2400 fr. ; la 3e aura 2100 fr.

576. — Partager 9000 fr. entre 1 homme, 3 femmes et 5 enfants, de manière que chaque femme reçoive 3 fois autant qu'un enfant et que l'homme ait 2 fois ce que reçoit une femme.

Certificat d'études primaires. — Belfort, 1879.

Réponse. — A chaque enfant, 450 fr.; à chaque femme, 1350 fr.; à l'homme, 2700 fr.

577. — Trois ouvriers ont travaillé pour le même patron. Le 1er a fait 18 journées à 3f,50; le 2e 15 journées à 4f,25 ; le 3e 6 journées à 5 fr. Le patron, étant à court d'argent, leur abandonne en paiement un effet de 187f,75 à partager entre eux. Un agent d'affaires consent à leur échanger cet effet contre espèces avec une diminution de 8 %. Combien revient-il à chacun ?

Brevet élémentaire. Aspirantes. — Besançon, 1878.

Réponse. — Part du 1er 69f,42 ; du 2e 70f,25 ; du 3e 33f,06.

578. — On partage une somme de 10 000 fr. entre quatre personnes. La 1re doit avoir 2 fois autant que la 2e moins 2000 fr.; la 2e aura 3 fois autant que la 3e moins 3000 fr.; la 3e aura 6 fois autant que la 4e moins 4000 fr. Trouver la part de chaque personne.

Brevet supérieur. Aspirantes. — Besançon, 1878.

Réponse. — 1re 4000 fr.; 2e 3000 fr.; 3e 2000 fr.; 4e 1000 fr. (Voir ALG., *Solutions raisonnées*. Problème 31.)

579. — Une personne partage sa fortune en trois parties proportionnelles aux nombres 3, 7, 9. Elle place la 1re partie à 4 %; la 2e à 4,5 %; la 3e à 5 %. Le revenu annuel ainsi constitué est de 1520 fr. Quelle était la fortune de cette personne ?

Brevet supérieur. Aspirantes. — Bordeaux, 1879.

Réponse. — Le montant de la fortune était de $32\ 632^f,76$.

580. — Une somme ayant été partagée entre trois personnes proportionnellement aux nombres $2\frac{1}{4}$, $7\frac{2}{5}$, $8\frac{1}{2}$, la 3e a pu acheter avec sa part 544 mètres de toile à $1^f,25$ le mètre. Calculer la part de chacune et la somme totale.

Brevet élémentaire. Aspirantes. — Paris, 1879.

Réponse. — 1re 180 fr.; 2e 592 fr.; 3e 680 fr. Total 1452 fr.

581. — Partager 45 fr. entre 1 homme, 3 femmes et 5 enfants, de manière que chaque femme reçoive 2 fois et demie autant qu'un enfant et que l'homme ait les 5 tiers de ce qu'aura une femme.

Brevet élémentaire. Aspirants. — Lyon, 1879.

Réponse. — Pour les 5 enfants $13^f,50$; pour les 3 femmes $20^f,25$; pour l'homme $11^f,25$. (Voir ALG., *Solutions raisonnées*. Problème 36.)

582. — Une mosaïque rectangulaire, longue de $3^m,50$ et large de $2^m,25$ est formée de petits carrés blancs, rouges, jaunes et noirs, qui ont tous une surface de 1 centim. carré 44 millim. carrés. Les étendues des surfaces blanches, rouges, jaunes et noires sont proportionnelles aux nombres 2, 3, $4\frac{1}{2}$, $2\frac{3}{4}$. Combien y a-t-il de carrés de chaque couleur ?

Brevet supérieur. Aspirantes. — Aube, 1879.

Réponse. — Carrés blancs 8928; rouges 13 593; jaunes 20 089; noirs 12 277.

583. — Un ouvrier, sa femme et son fils ont reçu $183^f,96$ puor

25 journées du père, 18 de la femme et 21 du fils. Le prix de la journée de la femme vaut les 0,75 du prix de la journée de l'ouvrier, et la journée du fils les 0,80 du prix de la journée de la mère. Quel est le prix de la journée de chacun et combien chacun reçoit-il en tout ?

Brevet élémentaire. Aspirants. — Aisne, 1878.

Réponse. — Père : journée 3^f,60 ; part 90 fr.
    Mère :   —   2^f,70 ;   —   48^f,60.
    Fils :   —   2^f,16 ;   —   45^f,36.

584. — Dans un ménage, le mari gagne 3^f,50 par journée de travail et la femme 1^f,70. La dépense de nourriture de la famille est en moyenne de 2^f,425 par jour, et cette dépense a absorbé pour un an les $\frac{3}{5}$ des salaires perçus. On sait en outre que les nombres de journées de travail de la femme et du mari ont été entre eux cette année-là dans le rapport de 5 à 6. Trouver quel a été le nombre des journées de chacun.

Brevet supérieur. Aspirantes. — Mars 1880.

Réponse. — La femme a fait 250 journées ; le mari 300 journées.

585. — L'actif d'une faillite, tous frais de liquidation déduits, est de 168 925 fr. Faire la répartition entre les quatre créanciers auxquels il est dû respectivement :

        63 275 fr. ; 41 835 fr. ; 91 605 fr. ; 53 800 fr.

On calculera chaque part à moins de 1 centime près.

Brevet supérieur. Aspirantes. — Paris, 1876.

Réponse. — Le 1er recevra 42 667^f,02 ; le 2e 28 209^f,80 ; le 3e 61 770^f,25 ; le 4e 36 277^f,93.

586. — Deux marchands se sont associés et ont mis 800 fr. dans un commerce qui leur a rapporté 150 fr. de bénéfice. Le 1er ayant retiré, mise et bénéfice compris, 570 francs, on demande la mise de chacun et le bénéfice du second.

Brevet élémentaire. Aspirantes. — Paris, 1881.

Réponse. — Mises : du 1er 480 fr. ; du 2e 320 fr.
        Bénéfices : du 1er 90 fr. ; du 2e 60 fr.

587. — Trois associés qui ont fait une entreprise en commun, en ont retiré un bénéfice de 10 745 fr. En se séparant, ils ont eu, mise et gain compris : le 1er 39 352 francs ; le 2e 32.624 francs le 3e 13 984 francs. On demande la mise et le gain de chacun.

Brevet élémentaire. Aspirantes. — Paris, 1877.

Réponse. — 1er : mise 34 433 fr.; gain 4919 fr.

       2e : — 28 546 fr.; — 4078 fr.

       3e : — 12 236 fr.; — 1748 fr.

(Voir ALG., *Solutions raisonnées.* Problème 92.)

588. — Trois personnes associées pour une entreprise commerciale avaient mis d'abord 24 000 fr. chacune ; mais au bout de 3 mois la 2e augmenta sa mise de 12 000 fr. et la 3e en fit autant 3 mois après la seconde. Au bout de 18 mois, l'entreprise avait rapporté 15 000 fr. de bénéfice. Calculer la part de chaque associé, en sachant que le premier, chargé de diriger l'entreprise, a prélevé, avant tout partage, 6 % sur le bénéfice.

  Brevet supérieur. Aspirantes. — Rennes, 1871.

Réponse. — La 1re a reçu 4660 fr.; la 2e 5326f,67; la 3e 5013f,33

589. — Deux associés ont mis dans une entreprise, l'un 8000 fr. au 1er janvier et l'autre 72 000 fr. 3 mois après. Au 1er mai le premier a pris sur le bénéfice commun 1800 fr. et le second au 1er septembre a pris 2600 fr. Que revient-il à chacun sur le bénéfice restant qui est de 18 500 fr., au moment du règlement de compte qui est le 1er avril de l'année suivante ?

  Brevet supérieur. — Nancy, 1879.

Réponse. — Au 1er il revient 7723f,24 ; au 2e 10 776f,75.

590. — Trois créanciers ont à se partager, à la suite d'une faillite, une somme de 8729 fr. qui, restée pendant 3 ans chez un banquier, a rapporté 3f,75 % d'intérêt simple par an. Leurs créances sont : 7528f,44 pour le 1er ; les $\frac{7}{12}$ de cette somme pour le 2e et les $\frac{3}{5}$ du total des deux premières créances pour le 3e. On demande ce que chacun recevra.

  Brevet supérieur. Aspirantes. — Ardèche, 1879.

Réponse. — Le 1er aura 5858f,29 ; le 2e 2236f,09 ; le 3e 3641f,65.

591. — L'air, qui est composé de deux gaz, l'oxygène et l'azote, pèse, à volume égal, 770 fois moins que l'eau. L'oxygène et l'azote entrent dans la composition de l'air dans la proportion suivante :

en volume : 21 d'oxygène et 79 d'azote pour 100 d'air;

en poids : 23 — et 77 —

D'après cela, on demande de déterminer en volume et en poids les quantités de ces deux gaz contenues dans une chambre dont les dimensions sont :

longueur $3^m,95$; largeur $3^m,20$; hauteur $2^m,95$.

Brevet supérieur. Aspirants. — Loiret ; 1876.

Réponse. — Oxyg.Vol.7830 lit. 48 centil. Poids $11137^{gr},75$.

Azote. —29457 lit. 52 centil. — $37287^{gr},25$.

592. — Deux personnes ont hérité ensemble d'une somme de 18300 fr. La 1re ayant dépensé les $\frac{2}{5}$ de sa part et la 2e les $\frac{3}{7}$ de la sienne, il reste à la 1re deux fois autant qu'à la 2e. Quelles sont les deux parts d'héritage ?

Brevet élémentaire. Aspirantes. — Arras, 1876.

Réponse. — La 1re avait reçu 12000 fr.; la 2e 6300 fr.

(Voir Alg., *Solutions raisonnées.* Problème 25.)

593. — Trois personnes ont mis chacune en commun une certaine somme dans une spéculation. La mise de la 2e est les $0,75$ de celle de la 1re; celle de la 3e est les $0,50$ de celle de la 2e. Elles ont fait un bénéfice de $263^f,50$, qui représente 20 % du capital engagé. Trouver la part du bénéfice qui revient à chaque personne et la valeur du capital.

Brevet élémentaire. Aspirants.

Réponse. — Capital $1317^f,50$.

Part de la 1re 124 fr.; de la 2e 93 fr.; de la 3^e $46^f,50$.

594. — Deux ouvrières ont ourlé en un jour sur deux côtés seulement 3 douzaines de mouchoirs carrés de 55 centimètres de côté et elles ont reçu chacune 2 francs. Si on les avait payées proportionnellement au travail fait, l'une aurait reçu $2^f,25$ et l'autre $1^f,75$. Cela posé, on demande combien chaque ouvrière a fait de points et le prix payé pour 1000 points, en sachant qu'il y a 84 points dans 12 centimètres d'ourlet.

Brevet élémentaire. Aspirantes. — Paris, 1881.

Réponse. — La 1re a fait 15592 points ; la 2e 12127 points.

Pour 1000 points on a payé $0^f,144$.

595. — Dans une fabrique on dépense 22800 fr. par semaine pour le salaire des ouvriers. Ils sont divisés en trois catégories. Les ouvriers de la 1re catégorie reçoivent 30 fr. par tête et par semaine ; ceux de la 2e reçoivent 35 fr. et ceux de la 3e 40 fr. On compte 4 ouvriers de la 1re catégorie pour 12 de la 2e et 4 de la 2e pour 5 de la 3e. Quel est le nombre des ouvriers de chaque catégorie ?

Brevet supérieur. Aspirantes. — Agen, 1875,

Réponse. — On compte 80 ouvriers dans la 1re ; 240 dans la 2e ; 300 dans la 3e.

(Voir ALG., *Solutions raisonnées*. Problème 38.)

596. — Quatre ouvriers ont fait un ouvrage de 3239 mètres. Le travail du 2° est les $\frac{4}{5}$ de celui du 1er ; le travail du 3e est les $\frac{2}{3}$ de celui du 2e, et le travail du 4e est les $\frac{3}{4}$ de celui du 3e. L'ouvrage total a été payé 6724 fr. Trouver combien chaque ouvrier a fait de mètres et combien il doit recevoir.

Brevet élémentaire. Aspirantes. — Paris, 1881.

Réponse. — 1er 1185 mètres ; 2460 fr.

2e 948 —   1968 fr.

3e 632 —   1312 fr.

4e 474 —   984 fr.

597. — Deux rentiers ont placé leurs capitaux. Le 1er au taux de 4 % reçoit en 4 mois autant d'intérêt que le 2e en un an au taux de 5 % ; le total des deux capitaux est 28 500 fr. Trouver le montant de chaque capital.

Brevet élémentaire. Aspirantes.

Réponse. — Le capital du 1er est de 22 500 fr.; le capital du 2e est de 6000 fr.

598. — Deux capitaux font un total de 167-280 fr. Le 1er placé à 4 % pendant 3 mois produirait un intérêt double de celui du 2e placé à 5 % pendant 7 mois. Quels sont ces deux capitaux ?

Brevet élémentaire. Aspirants.

Réponse. — Capital à 4 % 142 800 fr.; capital à 5 % 24 480 fr.

(Voir ALG., *Solutions raisonnées*. Problème 60.)

599. — Un champ de trèfle de 1 hectare 4 ares, sur la moitié duquel on a répandu 490 kilogrammes de plâtre du prix de 2^f,50 le quintal, a produit 4480 kilogrammes de foin estimés 4 fr. le quintal. Le produit en foin de la partie non plâtrée est les $\frac{3}{5}$ du produit de l'autre partie. On demande : 1° quel est le rendement total du champ de trèfle ; 2° quel eût été le rendement, si le champ de trèfle avait été entièrement recouvert de plâtre ; 3° si on aurait réalisé le même bénéfice, en plaçant à 3,5 % pendant 1 an l'argent employé à l'acquisition du plâtre.

Brevet élémentaire. Aspirants. — Clermont, 1879.

Réponse. — 1° Le rendement total a été de 179^f,20.

2° Le champ tout plâtré aurait rendu 224 fr.

3° Le gain produit a été de 44^f,80. L'intérêt du prix du plâtre aurait été 0^f,43.

600. — Un homme achète, à raison de 25 fr. l'are, un champ de forme rectangulaire ayant 336 mètres de pourtour et dont la largeur n'est que les $\frac{2}{5}$ de la longueur. Il affecte au paiement de ce champ le quart du revenu de sa maison estimée 18 000 fr. et rapportant un intérêt annuel de 4,5 %. Combien lui faudra-t-il de temps pour se libérer ?

Admission à l'École normale de Dijon. — 1879.

Réponse. — Annuité de 202^f,50 pendant 8 ans, plus une neuvième annuité de 22^f,90.

601. — L'un des côtés d'un champ rectangulaire est les $\frac{4}{5}$ de l'autre et la somme de ses quatre côtés est 216 mètres.

On a cultivé dans ce champ des pommes de terre. Les $\frac{2}{3}$ de la récolte ont été employés à faire de la fécule, ce qui a donné un poids de fécule de 4352 kilogrammes. Or 5 kilogrammes de pommes de terre rapportent 965 grammes de fécule, et 1 hectolitre de pommes de terre pèse en moyenne 62 kilogrammes. On demande combien ce champ rapporte d'hectolitres de pommes de terre par hectare.

Brevet élémentaire. Aspirants. — Douai, 1871.

Réponse. — Le champ produit 1894 hectolitres par hectare.

602. — Un industriel lègue à trois employés deux sommes, l'une de 3000 fr. et l'autre de 2000 fr. Il veut que chacun reçoive de la 1re une part directement proportionnelle à la durée de ses services et de la 2° une part inversement proportionnelle à son âge. Trouver ce qui revient à chacun, en sachant que le 1er a 15 ans de services et 56 ans d'âge ; le 2° a 20 ans de services et 60 ans d'âge ; le 3° a 25 ans de services et 70 ans d'âge.

Brevet supérieur. Aspirantes. — Paris, 1881.

Réponse. — Au 1er 1481^f,71 ; au 2° 1682^f,93 ; au 3° 1835^f,36.

603. — La liquidation d'une faillite s'opère le 3 juin 1879. L'actif comprend un capital de 8640 fr. et une rente sur l'État de 360 fr. en 3 % au cours de 79,70. Les créanciers sont : Pierre, à qui il est dû 12 650 fr , ainsi que l'intérêt simple à 5 % depuis le 25 octobre 1878; Louis, à qui le failli avait souscrit un billet de 8600 fr. payable sans intérêt au 1er novembre 1879. Selon les usages du commerce, ce billet doit subir l'escompte de 6 % par an. Partager l'actif entre les deux créanciers.

Certificat d'études des cours d'adultes. — Paris, 1879.

Réponse. — A Pierre il revient 11 075^f,78; à Louis 7128^f,22.

604. — On a employé pour exécuter un travail trois compagnies d'ouvriers. La 1re composée de 26 hommes aurait terminé à elle seule le travail en 16 jours $\frac{2}{3}$; la 2e de 37 hommes y aurait mis 12 jours $\frac{1}{2}$; la 3e de 41 hommes aurait eu besoin de 11 jours $\frac{1}{4}$ pour le faire.

On demande : 1° quel temps les trois compagnies travaillant ensemble ont mis à exécuter le travail ; 2° combien a gagné un ouvrier de chaque compagnie, si le travail a été payé 1752 fr.

Brevet supérieur. Aspirantes. — Besançon, 1878.

Réponse. — 1° Ensemble elles ont mis 4 jours $\frac{38}{103}$.

2° Gain d'un ouvrier dans la 1re comp. 17^f,66 ; dans la 2e 16^f,55 ; dans la 3e 16^f,59.

605. — Un marchand a acheté 3 barriques de vin de qualités différentes pour les mélanger. Les contenances des fûts sont entre elles comme les nombres 3, 4, 5 et les prix de l'hectolitre comme les nombres 6, 7, 8. La vente du mélange a produit 227^f,90 avec un bénéfice de 6 % sur le prix d'achat et de 2^f,15 par hectolitre. On demande le nombre de litres et le prix du litre de chaque qualité.

Brevet supérieur. Aspirants. — Montpellier.

Réponse. — 1re barrique 150 litres à 30 centimes le litre.

2^e	—	200	— 35	—	—
3^e	—	250	— 40	—	—

606. — Un homme a cultivé les $\frac{2}{5}$ de ses terres en blé, $\frac{1}{5}$ en avoine et le reste qui contient 15 hectares 84 ares 56 centiares en betteraves. Le bénéfice qu'il fait par hectare est pour la récolte

9.

en blé les $\frac{5}{4}$ et pour la récolte en avoine les $\frac{7}{9}$ de celui qu'il fait par hectare sur la récolte en betteraves. Son bénéfice total étant de 6548^f,79, trouver le bénéfice qu'il fait par hectare pour chaque espèce de récolte.

Brevet élémentaire. Aspirants. — Paris, 1880.

Réponse. — Le produit par hectare est : en blé 134^f,28 ; en avoine 83^f,55 ; en betteraves 107^f,42.

607. — Un propriétaire a réalisé un bénéfice de 7321^f,35 sur son exploitation agricole, en cultivant les $\frac{3}{7}$ de ses terres en blé, les $\frac{3}{8}$ en avoine et le reste contenant 20 hectares 17 ares 7 centiares en betteraves. On demande ce qu'il a gagné par hectare sur chaque espèce de récolte, en sachant que si l'on représente par 1 le bénéfice donné par un hectare de betteraves, les bénéfices produits par 1 hectare de blé et par 1 hectare d'avoine sont représentés respectivement par $\frac{3}{4}$ et $\frac{7}{9}$.

Brevet supérieur. Aspirants. — Charente, 1876.
Admission à l'École normale de l'Aube. — 1879.

Réponse. — Bénéfices donnés par hectare : en blé 66^f,05 ; en avoine 68^f,50 ; en betteraves 88^f,071.

608. — Une ouvrière et ses deux apprenties font en commun un travail de couture. Elles sont convenues de s'en partager le prix proportionnellement aux heures que chacune d'elles emploierait à ce travail, à la condition que par heure la 1re apprentie recevrait 5 centimes de plus que la 2e et que l'ouvrière recevrait autant que les deux apprenties ensemble. L'ouvrière a travaillé 2 heures 4 minutes ; la 1re apprentie 5 heures 30 minutes ; la 2e apprentie 6 heures 55 minutes. Que revient-il à chacune, l'ouvrage ayant été payé 11^f,45 ?

Brevet supérieur. Aspirantes. — Lyon, 1878.

Réponse. — Part de l'ouvrière 2^f,87 ; de la 1re apprentie 3^f,95 ; de la 2e apprentie 4^f,63.

(Voir ALG., *Solutions raisonnées.* Problème 44.)

609. — Trois personnes associées pour une entreprise y ont consacré chacune un certain capital. La 1re a versé 16 832 fr. et la 2e 10 625 fr. La 2e a apporté, outre sa mise, un brevet qui lui

donne droit, d'après l'acte de société, au prélèvement de 8,5 %
sur les bénéfices avant tout partage. Au moment de la liquidation, le 1er associé reçoit 1854^f,25 et le 3e 2524^f,25.

On demande : 1° le montant du capital engagé par le 3e associé ;
2° le montant des sommes qui reviennent au 2e pour sa mise
et son brevet ; 3° le bénéfice total de la société.

Brevet supérieur. Aspirants. — Poitiers, 1879.

Réponse. — 1° Mise du 3e associé 22 913^f,94.
2° Bénéfices du 2e associé 1685^f,94.
3° Bénéfice total 6064^f,44.

610. — Partager 5600 fr. entre 5 personnes de manière que la
2e ait le double de la 1re et 2000 fr. de plus ; la 3e le triple de la
1re et 400 fr. de moins ; la 4e la moitié de la somme de la 2e et de
la 3e et 150 fr. de plus ; la 5e le quart des quatre autres parts réunies plus 475 fr.

Brevet élémentaire. Aspirantes. — Aix, 1878.

Réponse.—Il revient à la 1re personne 500 fr. ; à la 2e 1200 fr. ;
à la 3e 1100 fr. ; à la 4e 1300 fr. ; à la 5e 1500 fr.

(Voir ALG., *Solutions raisonnées.* Problème 34.)

CHAPITRE XI

Les nombres complexes ne sont autre chose que des nombres fractionnaires qui, au lieu d'avoir un dénominateur, sont suivis du nom de leurs unités fractionnaires. Par exemple, dans 1 heure il y a 60 minutes et 60 fois 60 secondes, c'est-à-dire 3600 secondes; la minute est donc $\frac{1}{60}$ de l'heure et la seconde $\frac{1}{3600}$ de l'heure.

Par conséquent on a :

$$2^h 7^m 13^s = 2^h + \frac{7}{60} \text{ h.} + \frac{13}{3600} \text{ h.}$$

Dans la multiplication et la division, on convertit souvent un nombre complexe en un seul nombre exprimant des unités fractionnaires de la plus petite espèce, ce qui donne un nombre ordinairement assez fort. On a par exemple :

$$2^h 7^m 13^s = 3600^s \times 2 + 60^s \times 7 + 13^s = 7633^s.$$

S'il y avait 15^s au lieu de 13^s, comme 15^s sont le quart de la minute, il vaut mieux dans ce cas-là convertir le nombre seulement en minutes et lui ajouter ensuite le quart de minute. On aurait ainsi :

$$2^h 7^m 15^s = 60^m \times 2 + 7^m \frac{1}{4} = 127^m \frac{1}{4} \text{ ou même } 127^m,25.$$

---

1. Voir le calcul des nombres complexes dans notre *Arithmétique commerciale*, pour *l'enseignement spécial*.

Dans ces problèmes, il faut apporter le plus grand soin à mettre de l'ordre et de la clarté dans l'indication des opérations au milieu du raisonnement.

PROBLÈMES.

611. — Deux trains partent au même instant, l'un de Paris et l'autre de Bordeaux, allant l'un au-devant de l'autre. Le 1er doit parcourir la distance de ces deux villes en 13 heures et le 2e en 17 heures. De quelle partie de la distance se rapprochent-ils en une heure ?

Brevet élémentaire. Aspirantes. — Paris, 1869.

Réponse. — Ils se rapprochent des $\frac{30}{221}$ de la distance en 1 heure.

612. — Un convoi de chemin de fer doit se rendre de Paris à Lyon (512 kilomètres), avec une vitesse de 32 kilomètres par heure. Parvenu aux 3 quarts de sa course, le mécanicien augmente de 6 kilomètres par heure la vitesse de sa locomotive. A quelle heure le convoi arrivera-t-il à Lyon, le départ de Paris ayant eu lieu à 5h30m du soir ?

Brevet élémentaire. Aspirantes. — Paris, 1878.

Réponse. — Il arrivera à Lyon à 8h52m du matin.

613. — Une voiture est à 800 mètres du point où elle doit traverser un chemin de fer et roule avec une vitesse de 9 kilomètres à l'heure. Chercher si elle peut arriver avant le passage d'un train qui est à 1560 mètres du même point et dont la vitesse n'est plus que les $\frac{5}{6}$ de sa vitesse ordinaire qui est de 40 kilom. à l'heure.

Admission des Aspirantes à l'École normale de Besançon. — 1879.

Réponse. — Pour arriver au passage, la voiture met 5m $\frac{1}{3}$ et le train 2m,8.

614. — Une personne A en poursuit une autre B qui a 450 mètres d'avance. A fait 3 pas de 0m,70 quand B en fait 2 de 0m,75. On demande combien A doit faire de pas pour atteindre B, et quelle sera la longueur du chemin parcouru.

Admission aux Écoles d'arts et métiers. — 1876.

Réponse. — La personne A fera 2250 pas ou 1575 mètres.

615. — Deux courriers, pouvant parcourir une route, l'un en 8 heures et demie et l'autre en 10 heures et quart, se dirigent l'un vers l'autre, en partant au même instant des deux extrémités de la route. On demande quelle est la fraction de la route parcourue par chacun au moment où ils se rencontrent.

Brevet supérieur. Aspirantes. — Arras, 1877.

Réponse. — Par le 1er $\dfrac{41}{75}$ de la route ; par le 2^e $\dfrac{34}{75}$.

(Voir ALG., *Solutions raisonnées*. Problème 87.)

616. — Deux trains partent de Marseille, l'un à 6 heures du matin et l'autre à 7^h16^m du matin. Le 1er fait 32 kilomètres à l'heure et l'autre 40 kilomètres, arrêts ordinaires compris. A quelle heure et à quelle distance de Marseille le second atteindra-t-il le premier ?

Brevet élémentaire. Aspirants. — Basses-Alpes, 1878.

Réponse. — Rencontre à midi 20^m, à 202^{Km} $\dfrac{2}{3}$ de Marseille.

617. — La distance de Paris à Belfort est de 443 kilomètres. Un train part de Paris à 10^h5^m du matin et sa vitesse moyenne est de 56 kilomètres par heure. Un autre train part de Belfort à 8^h45^m du matin et sa vitesse moyenne est de 42 kilomètres par heure. On demande à quelle distance et à quelle heure les trains se croiseront.

Brevet élémentaire. Aspirantes. — Dijon, 1879.

Réponse. — Rencontre à 2^h2^m après midi, à 221 kilomètres de Paris.

(Voir ALG., *Solutions raisonnées*. Problème 45.)

618. — Deux piétons partent du même point d'une route, l'un à 6^h25^m, l'autre à 7^h10^m du matin, en marchant dans le même sens. Le 1er fait 80 pas à la minute, et le 2e en fait 90. Mais tandis qu'il faut 1800 pas du 1er pour faire 1 kilomètre et demi, il en faut autant du 2e pour faire 1 kilomètre et quart. Trouver à quelle heure ces piétons seront séparés par une distance de 4 kilomètres et un tiers.

Brevet élémentaire. Aspirants. — Lyon, 1879.

Réponse. — Au moment demandé il sera midi 30 minutes.

619. — Deux vaisseaux partent ensemble pour la même destination, éloignée de 860 lieues de leur point de départ, et ils suivent la même route. Le 1er fait 12 lieues 3 quarts en 3 heures et quart ; le 2e fait 25 lieues et demie en 6 heures 3 quarts. On veut savoir la distance qui les séparera 50 heures après le départ, quel est celui des deux qui arrivera le premier, et combien de temps il arrivera avant l'autre. Exprimer ce temps à 1 minute près.

Brevet élémentaire. Aspirants. — Charente, 1880,

Réponse. — Au bout de 50 heures, le 1er est en avant sur le 2e de 7^l,27 ; il arrivera 8^{h}26^m avant l'autre.

620. — Deux trains de chemin de fer parcourent la même distance, le 1er en 6^{h}25^m et le 2e en 7 heures ; le 1er fait 3 kilom. par heure de plus que le 2e. On demande le nombre de kilomètres que chaque train fait par heure et le nombre de kilomètres de la distance parcourue.

Brevet supérieur. Aspirants. — Yonne, 1876.

Réponse. — En 1 heure, le 1er parcourt. 36 kil.; le 2e 33 kil
La distance totale parcourue est de 231 kilomètres.

621. — La distance de Mantes à Paris est de 57 kilomètres. Un train partant de Paris à 8 h. du matin arrive à Mantes à 9^{h}1^m. Un train partant de Mantes à 8^{h}32^m du matin arrive à Paris à 10^{h}20^m. A quelle heure et à quelle distance de Paris les deux trains passeront-ils l'un à côté de l'autre ?

Brevet élémentaire. Aspirantes. — Paris, 1877.

Réponse. — Rencontre à 8^{h}50^m ; à 46 kil. 720 m. de Paris.

622. — Deux courriers séparés par un intervalle de 48 kilom. vont à la rencontre l'un de l'autre avec la même vitesse de 10 kilom. à l'heure. Le 1er part à 7^{h}40^m du matin et le 2e à 9^{h}25^m. On demande à quelle heure ils se rencontreront et quel chemin chacun aura parcouru.

Brevet élémentaire. Aspirantes. — Caen, 1879.

Réponse. — Rencontre à 10^{h}56^m.
Chemin parcouru par le 1er 32^{Km},75 ;
Chemin parcouru par le 2e 15^{Km},25.

623. — Un train express part de Paris à 7^{h}15^m du soir et doit arriver à Lyon à 4^{h}33^m du matin. Un autre express part de Lyon à la même heure que le 1er se dirigeant vers Paris, où il doit arriver à 5^{h}10^m du matin. La distance de Paris à Lyon est de 512 kilomètres. On demande les vitesses moyennes de ces trains, à quelle heure et à quelle distance de Paris ils se rencontreront.

Brevet supérieur. Aspirants. — Paris, 1878.

Réponse. — Vitesse moyenne : 55^{Km},053 pour le train de Paris.

— 51^{Km},630 pour le train de Lyon.

Rencontre à minuit 17^m, à 264 kilom. de Paris.

(Voir ALG., *Solutions raisonnées.* Problème 47.)

624. — Deux trains partent de Toulouse pour Paris. L'un part à 8^{h}30^m du matin et arrive à Brives à 3^{h}55^m du soir ; l'autre part à 11^{h}20^m du matin et arrive à Brives à 5^{h}49^m du soir. A quelle heure se rencontreront-ils ?

Brevet élémentaire. Aspirants. — Toulouse, 1879.

Réponse. — L'un atteindra l'autre à 7^{h}1^m du matin.

625. — Une montre qui avance chaque jour (24 heures) de 8 minutes et demie est réglée un jour à midi. Au bout de combien de temps marquera-t-elle l'heure exacte, si elle continue à marcher sans être réglée ?

Brevet élémentaire. Aspirantes.

Réponse. — Elle marquera l'heure exacte au bout de 84$^j\frac{12}{17}$.

Il sera 4^{h}56$^m\frac{1}{2}$ du matin.

626. — Une montre avance de 6 minutes par jour (24 heures). Elle est mise à l'heure le 1er du mois à midi. On demande quelle sera l'heure exacte, lorsque le 7 du mois elle indiquera 4^{h}37^m dans l'après-midi.

Brevet élémentaire. Aspirantes. — Paris, 1880.

Réponse. — A 4^{h}37^m de la montre il sera 4 heures.

627. — Une montre qui avance de 6 minutes par jour (24 h.) a été réglée à midi. Quelle est l'heure exacte, quand elle marque 7^{h}38^m ?

Brevet élémentaire. Aspirantes.

Réponse. — L'heure exacte est 7^{h}36^{m}6^s.

628. — Une montre retarde régulièrement de 5 minutes par jour (24 heures). Elle marque 2^{h}48^m le lundi, quand il est réellement 3 heures. Quelle sera l'heure exacte le mercredi suivant, quand cette montre marquera midi ?

Brevet élémentaire. Aspirants.

Réponse. — Quand la montre marquera midi le mercredi, il sera midi 21^{m}27^s.

629. — A quel moment entre 2 heures et 3 heures les deux aiguilles d'une montre sont-elles en ligne droite ?

Brevet élémentaire. Aspirants. — Paris, 1876.

Réponse. — 1° L'une sur l'autre à $2^h 10^m \dfrac{10}{11}$;

2° L'une sur le prolongement de l'autre à $2^h 43^m \dfrac{7}{11}$.

630. — Une montre marque 7 heures. Trouver à quel moment la grande aiguille sera éloignée du point 12 heures du cadran de la même distance que la petite aiguille du point 6 heures.

Brevet élémentaire. Aspirants.

Réponse. — A $7^h 5^m \dfrac{5}{11}$.

631. — Résoudre le même problème, en cherchant à quel moment les deux aiguilles se trouveront à égale distance du point 6 heures du cadran, la grande à droite et la petite à gauche.

Brevet élémentaire. Aspirants.

Réponse. — A $7^h 23^m 4^s \dfrac{8}{13}$.

632. — On a deux cadrans, l'un décimal, l'autre duodécimal. Quelle heure doit marquer le 1er, lorsque le 2° indique $5^h 17^m 29^s$?

Le cadran décimal est divisé en 10 heures ; l'heure en 100 minute et la minute en 100 secondes.

Le cadran duodécimal est divisé en 12 heures ; l'heure en 60 minutes et la minute en 60 secondes.

Brevet supérieur. Aspirantes. — Grenoble, 1878.

Réponse. — Le cadran décimal marquera $5^h 29^m 13^s \dfrac{8}{9}$.

(Voir ALG., *Solutions raisonnées.* Problème 46.)

633. — Les villes de Valenciennes et de Cambrai sont reliées par un chemin de fer de 63 kilomètres et le transport de la houille coûte 4 centimes par tonne et par kilomètre. En supposant que la tonne de houille coûte 19 fr. à Valenciennes et $19^f,50$ à Cambrai, on demande en quel point de la route la tonne de charbon revient au même prix.

Brevet élémentaire. Aspirantes. — Arras, 1877.

Réponse. — Le point est à $37^{Km},75$ de Valenciennes.

(Voir ALG., *Solutions raisonnées.* Problème 23.)

634. — La vitesse du son dans l'air est de 340 mètres par seconde ; sa vitesse dans l'eau est de 1435 mètres. Trouver quelle distance il y a entre un bateau qui est sur un lac et une personne

placée sur le rivage, en sachant que le bruit d'une explosion produite sur le bateau a été transmis par l'eau à la personne 4 secondes plus tôt que par l'air.

Brevet supérieur. Aspirantes. — Paris, 1880.

Réponse. — La distance est de 1782 mètres.

Voir ALG., *Solutions raisonnées.* Problème 7.)

635. — La planète Jupiter a quatre satellites. Le 1er accomplit sa révolution autour de la planète en 42 heures; le 2e en 85 heures; le 3e en 172 heures; le 4e en 400 heures. On demande dans combien de temps ces quatre satellites se retrouveront à la fois dans les mêmes situations relatives qu'ils occupent aujourd'hui. On devra dire d'ailleurs combien de révolutions chacun d'eux accomplira d'ici à cette époque.

Brevet élémentaire. Aspirantes. — Paris, 1877.

Réponse. — Temps demandé 6 140 400 heures.

Les nombres de révolutions sont : pour le 1er 146 200; pour le 2e 72 240; pour le 3e 35 700; pour le 4e 15 351.

636. — Un mobile A et un mobile B sont actuellement en un même point d'une circonférence. Le mobile A la parcourt d'un mouvement uniforme en 27 jours 1 tiers, et le mobile B aussi d'un mouvement uniforme en 365 jours et quart.

On demande de déterminer au bout de combien de temps les deux mobiles A et B se rencontrent de nouveau : 1° quand ils parcourent la circonférence dans le même sens ; 2° quand ils la parcourent en sens contraires.

Brevet élémentaire. Aspirants. — Nancy, 1876.

Réponse. — 1° Au bout de 29^j,54 ; 2° au bout de 23^j,21.

637. — Une fontaine fournit 143 hectolitres d'eau en $13^h 26\frac{1}{2}$; combien de mètres cubes d'eau fournirait-elle en $28^j 17^h \frac{3}{4}$?

Brevet de sous-maîtresse. — Paris, 1878.

Réponse. — La fontaine fournira 7 338 hectolitres, c'est-à-dire 733 mètres cubes 8 hectolitres.

638. — La distance de deux villes situées sur le même méridien est de 84 400 mètres. On demande le nombre de degrés, minutes et secondes de l'arc de méridien qui joint ces deux villes.

Brevet élémentaire. Aspirants. — Novembre 1881.

Réponse. — Cet arc a 45'35".

639. — Calculer le nombre de degrés de latitude parcourus par un voyageur qui franchit 1675 kilomètres dans la direction du pôle à l'équateur. Quel chemin doit-il faire pour parcourir 25 degrés?

Brevet supérieur. Aspirantes. — Caen, 1879.

Réponse. — 1° Il a parcouru $15°4'\frac{1}{2}$;

2° Il doit parcourir $2777^{Km},777$.

640. — La latitude de Dunkerque est de $51°2'11''$; celle de Barcelone est de $41°22'59''$. Trouver quelle est en kilomètres la distance qui sépare ces deux villes, si l'on admet qu'elles sont sur le même méridien?

Brevet élémentaire. Aspirantes. — Paris, 1879.

Réponse. — 1072 kil. 589 mètres.

641. — Deux lieux sont situés sur le même méridien. Leurs latitudes sont $25°24'30''$ et $19°57'30''$. Évaluer en kilomètres la distance de ces lieux : 1° lorsqu'ils sont dans des hémisphères différents ; 2° lorsqu'ils sont dans le même hémisphère.

Brevet élémentaire. Aspirantes.— Paris, 1877.

Réponse. — 1° Dans les deux hémisphères $5040^{Km},739$ mètres.

2° Dans le même hémisphère $605^{Km},554$ mètres.

642. — Les villes de Remiremont et de Quimper sont situées sur le même parallèle. Leurs longitudes sont : .

pour Remiremont $4°15'18''$ à l'orient;
pour Quimper $6°26'26''$ à l'occident ;

Calculer la distance de ces deux villes, en sachant qu'un degré de ce parallèle égale seulement les 0,744 d'un degré du méridien.

Brevet élémentaire. Aspirantes. — Paris, 1878.

Réponse. — La distance est de $884^{Km},165$ mètres.

643. — La longitude de Corté est de $6°49'$ à l'est et celle de Brest est de $6°49'42''$ à l'ouest. On demande :

1° quelle heure il est à Brest, quand il est midi à Corté ;

2° quelle heure il est à Corté, quand il est midi à Brest;

3° quelle heure il est à Corté et à Brest, quand il est midi à Paris.

Brevet supérieur. Aspirantes. — Paris, 1878.

Réponse. — Quand il est midi à Corté ; il est à Brest $11^h5^m25^s$.

Quand il est midi à Brest ; il est à Corté midi 54^m35^s.

Quand il est midi à Paris ; on a :

à Corté midi 27^m16^s ; à Brest $11^h32^m41^s$.

644. — Une dépêche est envoyée de Londres à San-Francisco, par le télégraphe transatlantique, le 10 juillet à 4ʰ12ᵐ du matin, heure de Londres. Elle subit à Valentia, pour réexpédition, un retard de 17 minutes. Reçue à New-Yorck, elle est réexpédiée directement à San-Francisco avec un nouveau retard de 19 minutes.

Trouver quelle indication de date et d'heure de réception elle devra porter dans les deux villes de New-Yorck et de San-Francisco, dont les horloges sont réglées sur leur propre méridien, en sachant que les longitudes de ces villes sont occidentales :

pour Londres 2°26′; New-Yorck 76°20′; San-Francisco 124°45′.

Brevet supérieur. Aspirantes. — Paris, 1880.

Réponse. — Départ de Londres le 10 juillet à 4ʰ12ᵐ du matin.

Arrivée à New-Yorck le 9 juillet à 11ʰ33ᵐ24ˢ du soir.

Arrivée à San-Francisco le 9 juillet à 8ʰ38ᵐ44ˢ du soir.

645. — Le département de l'Isère est compris entre 44°43′ et 45°53′20″ de latitude septentrionale et entre 2°24′42′ et 4°1′15″ de longitude orientale.

1° En supposant que les deux points extrêmes en latitude fussent sur le même méridien, quelle serait en kilomètres leur distance comptée sur ce méridien?

2° Quelle heure est-il au point le plus oriental du département, quand il est midi au point le plus occidental ?

3° Quelle heure est-il à Paris, quand il est midi à Grenoble ? La longitude de Grenoble est de 3°23′36″.

Brevet élémentaire. Aspirants. — Grenoble, 1878.

Réponse. — 1° Du nord au sud la distance serait de 130 kilomètres.

2° Quand il est midi au point le plus occidental, il est midi 6ᵐ26ˢ au point le plus oriental.

3° Quand il est midi à Grenoble, il est 11ʰ46ᵐ26ˢ à Paris.

646. — Réduire en mètres carrés et subdivisions du mètre carré une surface de 87 toises carrées et demie, en sachant que la toise vaut 6 pieds et que le mètre vaut 3 pieds 11 lignes et 296 millièmes de ligne.

Admission à l'École des Arts-et-Métiers. — 1879.

Réponse. — $87^{tq}\frac{1}{2}$ valent 332ᵐq,3899.

647. — Ayant trouvé dans un vieux livre que 2 livres 10 onces
6 gros 45 grains d'une certaine marchandise ont coûté autrefois
18 sous 10 deniers, on demande quel serait en francs, décimes et
centimes le prix d'un kilogramme de cette marchandise, en sachant que l'ancienne livre poids valait 16 onces, l'once 8 gros, le
gros 72 grains ; que l'ancienne livre monnaie valait 20 sous et le
sou 12 deniers ; que le kilogramme vaut 18 827 grains 15 centièmes et que 80 francs valent 81 livres.

Brevet élémentaire. Aspirantes. — Yonne, 1877.

Réponse. — Le prix du kilogramme serait de 71 centimes.

648. — Dans un même lieu la durée de l'oscillation du pendule
simple est proportionnelle à la racine carrée de sa longueur. Or
un pendule dont la longueur est 0m,993856 fait à Paris une oscillation par seconde ; combien faudra-t-il de secondes à un pendule
dont la longueur serait 0m,87548 pour faire 100 oscillations ?

Brevet supérieur. Aspirants. — Yonne, 1877.

Réponse. — Pour 100 oscillations, il faudrait 93s,8, c'est-à-dire
94 secondes.

649. — Lorsqu'on ne tient pas compte de la résistance de l'air,
l'espace parcouru par un corps qui tombe est proportionnel au
carré du temps écoulé depuis l'origine de sa chute. On demande
de trouver le temps que mettra pour atteindre le sol un objet
pesant, tombé d'un ballon qui est parvenu à 9808 mètres de hauteur, en sachant que dans la 1re seconde de sa chute il parcourt
4m,904.

On demande ensuite quelle est sa vitesse au moment où il atteint le sol, en admettant que cette vitesse soit proportionnelle
au temps et qu'au bout de la 1re seconde elle était de 9m,808.

Brevet supérieur. Aspirants. — Agen, 1875.

Réponse. — La durée de la chute sera de 44s,72.
La vitesse au sol sera de 438m,614.

650. — On suppose que les deux planètes Vénus et la Terre
sont sur un même rayon partant du Soleil, de sorte que Vénus se
trouve entre le Soleil et la Terre. On demande au bout de combien de temps les deux planètes se retrouveront dans la même
position. La Terre accomplit sa révolution autour du soleil en
365j,2563744, et Vénus la sienne en 224j,7007869. On devra exprimer le résultat en heures, minutes et secondes.

Brevet supérieur. Aspirants. — Paris, 1879.

Réponse. — Au bout de 583j22h6m50s.

CHAPITRE XII

PROBLÈMES DIVERS.

Les problèmes de ce chapitre sont divisés en trois catégories.

La première contient des problèmes qu'on résout en supposant des nombres arbitraires pour les nombres cherchés et en modifiant ensuite ces nombres d'après le résultat qu'ils fournissent.

La règle que l'on suit ainsi est ce que les vieux traités d'arithmétique nomment règle de *fausse position.*

La seconde renferme quelques problèmes qui n'ont pas de caractère commun.

Ceux qui composent la troisième sont des problèmes pour lesquels le raisonnement qui conduit à la solution ne diffère que par la forme de celui qu'emploie l'algèbre.

§ I. — PROBLÈMES QUI SE RÉSOLVENT A L'AIDE DE NOMBRES SUPPOSÉS.

651. — On demande de payer 800 fr. avec 67 pièces d'or, les unes de 20 fr., les autres de 5 fr. Combien donnera-t-on de pièces de chaque espèce?

Brevet élémentaire. Aspirantes. — Loiret, 1878.

Réponse. — 36 pièces de 5 fr. et 31 pièces de 20 fr.

(Voir ALG., *Solutions raisonnées.* Problème 9.)

652. — Dans une maison un peintre a peint 12 chambranles, les uns en marbre à 4 fr. la pièce et les autres en granit à 2ʳ,50. Il a reçu pour le tout 40ʳ,50. Combien y a-t-il de chambranles en marbre et combien en granit?

Brevet élémentaire. Aspirantes. — Paris, 1877.

Réponse. — Il y a 7 chambranles en marbre et 5 en granit.

653. — On veut distribuer une certaine somme à un certain nombre de pauvres. Si on donne 2 fr. à chacun, il reste 25 fr. si on donne 3 fr. à chacun, il manque 15 fr. Trouver le nombre des pauvres et la somme à partager.

Brevet élémentaire. Aspirantes.

Réponse. — La somme à partager est de 105 fr.

Le nombre des pauvres est 40.

654. — Un vigneron doit acheter une maison avec le produit de sa récolte. S'il vendait la barrique 145 fr., il aurait encore 830 fr. après avoir payé la maison ; s'il ne la vendait que 130 fr., il lui manquerait 220 fr. Trouver le prix de la maison et le nombre des barriques de vin de la récolte.

Brevet élémentaire. Aspirantes.

Réponse. — 70 barriques ; prix de la maison 9320 fr.

655. — Un bassin de la contenance de 3 mètres cubes est alimenté par deux robinets, qui donnent par heure, le 1er 480 litres et le 2e 360 litres. On demande pendant combien de temps il faudrait laisser couler séparément chaque robinet l'un après l'autre, pour remplir le bassin en 7 heures.

Brevet élémentaire. Aspirantes. — Niort, 1855.

Réponse. — Le 1er pendant 4 heures ; le 2e pendant 3 heures.

656. — On a partagé une certaine somme entre deux personnes. La part de la 1re égale les $\frac{3}{4}$ de celle de la 2e, et en ajoutant le 10e de la 1re aux $\frac{4}{5}$ de la 2e, on obtient 100 fr. Trouver la somme entière et chaque part.

Brevet élémentaire. Aspirants. — Aisne.

Réponse. — 1re part 85f,71 ; 2e part 114f,29. Total 200 fr.

(Voir ALG., *Solutions raisonnées.* Problème 17.)

657. — Un ouvrier s'engage à travailler chez un tailleur pendant le mois de janvier. Pour chaque jour de travail il recevra 5f,40 ; mais pour chaque jour de chômage de sa part, il paiera à son patron 3 fr. Le compte réglé, il reçoit 103f,80. Le mois de janvier ayant eu quatre dimanches, combien l'ouvrier a-t-il fait de journées de travail ?

Brevet élémentaire. Aspirantes. — Grenoble, 1878.

Réponse. — Il a fait 22 journées de travail.

(Voir ALG., *Solutions raisonnées.* Problème 13.)

658. — Deux ouvrières travaillent dans un même atelier. Le salaire journalier de l'une est égal aux $\frac{3}{4}$ du salaire de l'autre. On sait que 20 journées de celle qui gagne le plus et 25 journées de l'autre ont été payées ensemble 232^f,50. Combien chacune gagne-t-elle par jour ?

Brevet élémentaire. Aspirantes. — Novembre 1881.

Réponse. — Prix de la journée : pour la 1re ouvrière 4^f,50 ; pour la 2e 6 fr.

659. — Dans une fabrique travaillent 25 ouvriers et 25 ouvrières, et le salaire journalier d'une ouvrière est les $\frac{2}{3}$ de celui d'un ouvrier. Le patron paie chaque jour à ces deux groupes de travailleurs une somme totale de 312^f,25. On demande ce que chaque ouvrier et chaque ouvrière gagnent par jour.

Brevet élémentaire. Aspirants. — Novembre 1881.

Réponse. — Journée de l'ouvrier 7^f,494 ; de l'ouvrière 4^f,996.

660. — Un éditeur fait réimprimer un ouvrage qui avait 13 volumes. Le nombre des pages par volume sera augmenté d'un 8e et le nombre des lignes de la page d'un 12e ; le nombre des mots de la ligne sera diminué d'un 9e. Combien la nouvelle édition aura-t-elle de volumes ?

Brevet élémentaire. Aspirants.

Réponse. — L'édition aura 12 volumes.

661. — Deux ouvriers travaillent ensemble, et le 1er gagne par jour un tiers de plus que le 2e. Au bout d'un certain temps, le 1er, qui a travaillé 5 jours de plus que le 2e, a reçu 100 fr. et le 2e 60 fr. Combien chacun gagnait-il par jour ?

Brevet élémentaire. Aspirantes. — Laon, 1879.

Réponse. — Le 1er gagnait 4 fr. ; le 2e 3 fr.

(Voir ALG., *Solutions raisonnées.* Problème 174.)

662. — Il faut payer pour le passage d'un pont 15 centimes par voiture à deux chevaux, 10 centimes par voiture à un cheval, 5 centimes par cavalier et 3 centimes par piéton. Dans la quinzaine le nombre des voitures à deux chevaux a été les $\frac{2}{5}$ de celui des voitures à un cheval ; le nombre des voitures à un cheval a été les $\frac{3}{11}$ de celui des cavaliers ; le nombre des cavaliers a été les $\frac{5}{27}$

de celui des piétons. La recette de la quinzaine s'est élevée à
168^f,72. On demande combien il est passé de voitures à deux
chevaux, de voitures à un cheval, de cavaliers et de piétons.

Admission à l'École normale des Ardennes. — 1855.

Réponse. — Il y a eu piétons 3564 ; cavaliers 660 ; voitures à
un cheval 180 ; voitures à deux chevaux 72.

(Voir Alg., *Solutions raisonnées.* Problème 37.)

663. — Pour 5 kilogr. de chocolat on paie autant que pour
16 kilogr. de sucre, et 2 kilogr. de café coûtent autant que 25 hectogr. de chocolat.

On a acheté pour 32^f,25 de ces trois marchandises. Combien
vaut le kilogramme de chacune d'elles, si l'on a eu 17 hectogr.
de chocolat, 11 hectogr. de sucre et 374 décagr. de café ?

Brevet élémentaire. Aspirantes. — Paris, 1880.

Réponse. — Prix du kilogramme : sucre 1^f,50 ; chocolat 4^f,80 ;
café 6 fr.

664. — Un marchand a acheté 10 pièces d'étoffe d'égale longueur, à raison de 13^f,75 le mètre. Il en a vendu la moitié à 15^f,50
le mètre, la 6e partie à 16^f,25 ; le quart à 17^f,50 et le reste à 17 fr.
le mètre. Il a fait aux divers acheteurs une remise de 2 % sur le
montant de leur facture, et il a ainsi réalisé avec la vente totale
un bénéfice de 2349 fr. Trouver combien chaque pièce contenait
de mètres et combien la marchande a gagné pour cent ?

Brevet supérieur. Aspirantes. — Loire-Inférieure, 1879.

Réponse. — Longueur de la pièce 108 mètres.
Gain 15,81 %.

665. — Un propriétaire emploie la 9e partie de sa fortune pour
acheter une maison ; avec le quart du reste il achète un bois ;
enfin de ce qui lui reste encore il fait deux parts qui sont entre
elles comme les nombres 2 et 3. La 1re étant placée à 4 % et la
2e à 5,5 %, il se fait un revenu de 8820 fr. Calculer les deux
parts, la fortune entière et le prix du bois.

Brevet supérieur. Aspirantes. — Douai.

Réponse. — La 1re part placée à 4 % est de 72,000 fr.;
La 2e part placée à 5 % est de 108 000 fr.
La fortune entière s'élève à 180 000 fr.
Prix de la maison 30 000 fr.; du bois 60 000 fr.

§ II. — PROBLÈMES DE DIVERSES ESPÈCES.

666. — On a déboursé 111 fr. pour payer deux ouvriers, dont l'un a fait 12 journées et l'autre 15 ; mais le 2ᵉ recevait par journée 2 fr. de plus que le 1ᵉʳ. Trouver le prix de la journée de chacun.

Brevet élémentaire. Aspirantes.

Réponse. — Prix de la journée : 3 fr. pour le 1ᵉʳ ouvrier et 5 fr. pour le 2ᵉ.

(Voir ALG., *Solutions raisonnées.* Problème 8.)

667. — Deux ouvriers ont reçu 120 fr. pour un ouvrage. Le 1ᵉʳ y avait travaillé 15 jours et le 2ᵉ 12 jours ; le 1ᵉʳ faisait 4 mètres pendant que le 2ᵉ en faisait 3. Combien chacun a-t-il eu pour sa part ?

Brevet élémentaire. Aspirantes.

Réponse. — Part du 1ᵉʳ 75 fr.; part du 2ᵉ 45 fr.

668. — Un cultivateur a fait deux acquisitions successives. Il a acheté une première fois 2 hectares 75 centiares de vignes et 3 hectares 34 centiares de champ pour la somme totale de 15 042ᶠ,25.

La deuxième fois il a acheté deux parcelles de vigne, ayant l'une 1 hectare 72 ares 35 centiares et l'autre 28 ares 42 centiares, et deux parcelles de champ l'une de 2 hectares 25 ares et l'autre de 4 hectares 53 ares 75 centiares, et pour le tout il a donné 23 316ᶠ,25.

L'hectare de vigne a été payé le même prix dans ces deux acquisitions, ainsi que l'hectare de champ. Trouver le prix de l'hectare de vigne et celui de l'hectare de champ.

Concours pour les bourses des écoles supérieures municipales de Paris.—1880.

Réponse. — Hect. de champ 2186ᶠ,52. Hect. de vigne 4221ᶠ,81.

669. — Une pièce de vin pur contenant 228 litres, on en tire 20 litres que l'on remplace par de l'eau. On tire de nouveau 20 litres du mélange, que l'on remplace par de l'eau, et l'on répète indéfiniment cette opération. Quelle loi suivront les quantités décroissantes de vin pur contenues dans le tonneau (mêlées à l'eau) ? Calculer ce qui reste de vin après la 3ᵉ opération.

Brevet supérieur. Aspirantes. — Dijon, 1879.

Réponse. — La fraction de vin qui reste est exprimée par la fraction $\dfrac{52}{57}$ élevée à une puissance d'un degré égal au nombre des opérations.

Après la 3e opération, il reste dans le tonneau 173 litres.

670. — A 28 mètres au-dessous du sol à Paris, la température est constante et égale à 11 degrés 7 dixièmes du thermomètre centigrade ; à 505 mètres au-dessous du sol, la température est de 27^d,33.

En admettant que l'accroissement de température soit proportionnel à la quantité dont on s'enfonce au-dessous de la couche invariable, on demande à quelle profondeur la température sera de 100 degrés.

Chercher aussi quelle serait dans cette hypothèse la température du centre de la terre, le rayon moyen de la terre étant de 6366 kilomètres.

Brevet élémentaire. Aspirants. — Paris 1877.

Réponse. — 100 degrés à 2723 mètres; 212 200 degrés au centre.

671. — Deux frères travaillent chez le même patron, et l'aîné gagne par jour un 5e de plus que le cadet. Au bout du mois, le patron règle leur compte. L'aîné qui a travaillé 4 jours de plus que l'autre reçoit 168 fr. et celui-ci reçoit 120 fr. Trouver le prix de la journée de chacun et le nombre des journées.

Brevet élémentaire. Aspirants.

Réponse. — Pour l'aîné : 28 journées à 6 francs.

Pour le cadet : 24 journées à 5 francs.

672. — Un marchand prélève tous les ans au commencement de chaque année une somme de 4000 fr. sur les fonds qu'il a en commerce, et cependant chaque année sa fortune s'augmente du tiers de ce qui lui reste. Il se trouve avoir 118 400 fr. au bout de 3 ans. Combien avait-il au commencement de la 1re année?

Brevet élémentaire. Aspirants. — Aisne, 1879.

Réponse. — Capital primitif 59 200 fr.

673. — Une usine produit 8575 tonnes de fonte, qui reviennen t à 8^f,40 les 100 kilogr., plus 0^f,30 pour le salaire des ouvriers La fonte est vendue 125 fr. la tonne. Le capital de l'usine est de 360 000 fr. et il produit un intérêt de 10 %. Le fonds de roulement est de 340 000 fr. et produit un intérêt de 6 %.

On demande : 1° le bénéfice pro duit par l'usine ; 2° de combien il faudrait diminuer l'intérêt du fonds de roulement, pour augmenter le salaire des ouvriers de $\frac{12}{65}$, sans diminuer le bénéfice.

Brevet supérieur. Aspirants. — Caen, 1877.

Réponse. — 1° Le bénéfice de l'usine est de 269 450 fr.

2° Il faudrait réduire l'intérêt du fonds de roulement de 15 683ᶠ,75.

674. — Une petite société au capital de 14 575 fr. perd la 1ʳᵉ année 7 % de son capital ; la 2° année elle perd 6,5 % du capital restant ; enfin la 3ᵉ année elle gagne 23 % sur le capital qui lui restait. Quel est le capital à la fin de la 3° année? Que reviendra-t-il à chaque action de 25 francs?

Admission à l'École normal e de Toulouse. — 1879.

Réponse. — Capital à la fin de la 3ᵉ année 15 588ᶠ,64.

Gain par action 1ᶠ,758.

675. — Un négociant augmente sa fortune du tiers de sa valeur, au bout de la 1ʳᵉ année. Au bout de la 2° année, elle est augmentée du quart de ce qu'elle était au commencement de cette année ; au bout de la 3ᵉ année, elle est augmentée de la 5ᵉ partie de la valeur qu'elle avait au commencement de la 3ᵉ année. Elle vaut alors 57 800 fr. Calculer sa valeur primitive.

Brevet de 2ᵉ ordre. Aspirants. — Paris, 1878.

Réponse. — Fortune primitive 28 900 fr.

(Voir ALG., *Solutions raisonnées*. Problème 43.).

676. — Une personne fait valoir sa fortune de la manière suivante : le 5ᵉ est placé à 15 % ; les deux tiers du reste produisent 7ᶠ,40 % ; le surplus donne 660 fr. d'intérêt à raison de 2,75 %. Calculer d'après ces données : 1° la fortune totale de cette personne ; 2° son revenu annuel ; 3° le taux moyen auquel est placé le capital.

Brevet élémentaire. Aspirants. — Clermont, 1878.

Réponse. — 1° Fortune totale 90 000 fr.

2° Revenu annuel 6912 fr.

3° Taux moyen du placement 7,68 %.

677. — Un spéculateur a augmenté au bout d'un an sa fortune des $\frac{2}{27}$ de sa valeur ; l'année suivante des $\frac{6}{11}$ de sa nouvelle valeur ; au bout de la 3ᵉ année des $\frac{7}{18}$ de la valeur qu'elle avait à la

fin de la 2ᵉ année. Elle atteint alors 428 694 fr. Quelle était sa valeur primitive ?

Brevet élémentaire. Aspirants. — Charente, 1876.

Réponse. — Valeur primitive 185 947^f,10.

(Voir ALG., *Solutions raisonnées*. Problème 41.)

678. — Un commerçant est établi depuis 4 ans. Pendant la 1ʳᵉ année son capital s'est accru de ses $\frac{2}{7}$; pendant la 2ᵉ année, il a diminué d'un 8ᵉ de ce qu'il était après la 1ʳᵉ. Le bénéfice de la 3ᵉ année représente la 12ᵉ partie du capital primitif. Enfin pendant la 4ᵉ année le gain est égal à celui de l'ensemble des trois premières. Au bout des 4 ans, l'avoir du commerçant s'élève à 30 100 fr. Combien avait-il en commençant ?

Brevet élémentaire. Aspirants. — Nevers, 1879.

Réponse. — Capital primitif 21 247 fr.

(Voir ALG., *Solutions raisonnées*. Problème 42.)

679. — Un négociant a acheté du charbon à 48^f,65 les 1000 kilogr. Il paie 4540 fr. de frais de transport et 18 centimes de droit par hectolitre. En revendant son charbon 5^f,40 l'hectolitre, il gagne 15 %. Si l'on admet que le mètre cube de charbon pèse 849 kilogr., on demande le poids du charbon qui a été vendu.

Brevet élémentaire. Aspirants. — Caen, 1877.

Réponse. — On a vendu 1 000 461 kilogrammes de charbon.

(Voir ALG., *Solutions raisonnées*. Problème 29.)

680. — On a payé 8000 fr. un champ de 5 hectares 9 ares. Une partie ensemencée en blé donne un revenu net de 4,25 % ; l'autre partie ensemencée en seigle ne donne que 3,5 %. Le revenu total ayant été de 315 fr., on demande quelle est la superficie de chacune des deux parties.

Brevet élémentaire. Aspirants. — Douai, 1879.

Réponse. — En blé 180ᵃ,25 ; en seigle 128ᵃ,75.

681. — Une personne qui avait emprunté 6000 fr. à intérêts simples s'est libérée en 10 ans du capital et des intérêts, en payant 800 fr. à la fin de chaque année. A quel taux avait-elle emprunté ?

Brevet supérieur. Aspirantes. — Grenoble, 1878.

Réponse. — Taux demandé $8\frac{1}{3}$ %.

(Voir ALG., *Solutions raisonnées*. Problème 135.)

682. — Un marchand gagne 18 % sur son prix d'achat en

10.

vendant une pièce de toile à raison de $2^f,97$ le mètre. Il vend à ce prix un certain nombre de mètres de la pièce et réalise un bénéfice de $18^f,80$.

Voulant alors quitter le commerce et écouler plus rapidement sa marchandise, il vend le reste de la pièce avec un rabais de $8\frac{2}{3}$ % sur le prix de vente. Le bénéfice ainsi réalisé dans la vente totale de la pièce étant de $98^f,20$, on demande : 1° le prix d'achat du mètre ; 2° le nombre de mètres vendus avant la diminution du prix de vente ; 3° à combien pour cent se trouve réduit le bénéfice sur le prix d'achat à la suite du rabais ; 4° le nombre total de mètres de la pièce.

Admission aux Écoles normales de Charleville et de Mézières. — 1877.

Réponse. — 1° Prix d'achat par mètre $2^f,5_{17}$.

2° Vendu dans la 1re vente $41^m,49$.

3° Réduction à 8,72 % du bénéfice.

4° Nombre total de mètres de la pièce $447^m,21$.

683. — On a deux sortes de vin. Le 1er peut être cédé au prix de $127^f,84$ la pièce de 270 litres, payable dans 65 jours ; le 2e au prix de $168^f,21$ la même pièce payable dans 83 jours. Combien faut-il prendre de chacune de ces deux qualités de vin pour former 127 hectolitres d'un mélange pouvant être cédé au prix de $56^f,25$ l'hectolitre payable dans 3 mois?

Brevet supérieur. Aspirantes. — Poitiers, 1879.

Réponse. — De la 1re qualité 74 hectol. 76 litres.

De la 2e — 52 hectol. 24 litres.

684. — L'année se compose de 365 jours $\frac{1}{4}$ et une lunaison est égale à 29 jours $\frac{499}{940}$. Déterminer le plus petit intervalle de temps qui soit à la fois un nombre exact d'années et un nombre exact de lunaisons.

Brevet élémentaire. Aspirants. — Saint-Denis (Réunion).

Réponse. — 19 années ou 235 lunaisons.

§ III. — PROBLÈMES A RÉSOUDRE PAR L'ALGÉBRE.

685. — Deux personnes mettent chacune de côté 3500 fr. par an. La fortune de la 1re est actuellement de 315 000 fr.; celle de la 2e est de 63 000 fr. Dans combien de temps la fortune de la 1re sera-t-elle quadruple de celle de la seconde ?

Admission à l'École normale de garçons de l'Yonne. — 1879.

Réponse. — Au bout de 6 ans.

686. — Deux lingères économisent l'une le tiers et l'autre le quart de leurs gains journaliers. Au bout de l'année, leurs économies s'élèvent à 400 fr. Combien chacune d'elles a-t-elle gagné dans l'année, si le gain total de l'année est de 1350 fr. ?

Brevet élémentaire. Aspirantes. — Besançon, 1878.

Réponse. — La 1re a gagné 750 fr.; la 2e 600 fr.

(Voir ALG., *Solutions raisonnées*. Problème 24.)

687. — Deux personnes employées dans le même établissement ont des salaires différents, dont la somme s'élève annuellement à 4400 fr. La 1re ne dépense chaque année que les 2 tiers de son salaire, et la 2e les 3 quarts du sien. Le montant de leurs économies au bout de l'année est de 1310 fr. Trouver le salaire de chacune.

Brevet élémentaire. Aspirantes. — Ariège, 1877.

Réponse. — La 1re gagne 2520 fr.; la 2e 1880 fr.

(Voir ALGÈBRE, page 66.)

688. — On a acheté 210 litres, les uns de vin et les autres de rhum pour 288 francs. Trouver le prix du litre de vin et celui du litre de rhum, en sachant qu'on a acheté 6 fois plus de vin que de rhum et qu'on a payé 5 litres de rhum autant que 16 litres de vin.

Brevet élémentaire. Aspirants. — Saint-Denis (Réunion). 1882.

Réponse. — Prix du litre de vin 1f,043 ; du litre de rhum 3f,339.

689. — Le tiers de la valeur d'une pièce de soie est égal au 5e de la valeur d'une pièce de drap. La différence des prix des deux pièces est de 192 fr.; le mètre de drap vaut 8 fr. et la longueur de la pièce de drap est égale à 10 fois le tiers de la longueur de la pièce de soie. Trouver la valeur et la longueur de chaque pièce.

Brevet élémentaire. Aspirantes. — Paris, 1880.

Réponse. — Pièce de drap : longueur 60 mètres ; prix 480 fr.

Pièce de soie : longueur 18 mètres ; prix 288 fr.

(Voir ALG., *Solutions raisonnées.* Problème 79.)

690. — Un industriel emploie deux ouvriers dont le 1er reçoit pour sa journée un salaire double de celui que reçoit le 2e. On donne au 1er pour 12 journées de travail 40 fr. et 10 litres de vin ; on donne au 2e pour 9 journées de travail 16f,40 et 2 litres de vin. Quel est le prix du litre de vin ?

Brevet élémentaire. Aspirants. — Ardennes, 1878.

Réponse. — Prix du litre de vin 80 centimes.

(Voir ALG., *Solutions raisonnées.* Problème 19.)

691. — Un marchand a vendu à trois personnes une pièce de toile à 3f,50 le mètre. La 1re a pris le tiers de la pièce plus 4 m.; la 2e a pris la moitié de ce qui restait plus 6 mètres ; la 3e a payé le coupon restant 164f,50. Quelle était la longueur de la pièce et quel est le nombre de mètres acheté par chaque personne ?

Admission à l'École normale d'institutrices. — Troyes, 1879.

Réponse. — La 1re a 59 m.; la 2e 59 m.; la 3e 47 m. Total 165 mètres.

(Voir ALG., *Solutions raisonnées.* Problème 33.).

692. — Un fermier voulant acheter une maison avec le produit de sa récolte en blé, disait à son voisin : Si je vends mon blé 20 fr. le sac, il me restera 2000 fr. après le paiement de la maison ; mais si je ne le vends que 18 fr., il me manquera $\frac{1}{25}$ du prix qui m'est demandé.

Trouver d'après cela le prix de la maison et le nombre de sacs de la récolte de blé.

Brevet élémentaire. Aspirants.

Réponse. — 1600 sacs de blé. Prix de la maison 30 000 fr.

693. — On engage une domestique, en lui promettant 300 fr. par an plus un habillement complet. Au bout de 9 mois et 12 jours, elle est renvoyée en recevant 211 fr. et en gardant l'habillement. Quelle est la valeur de cet habillement ? L'année sera comptée de 360 jours.

Brevet élémentaire. Aspirantes. — Loiret, 1876.

Réponse. — Prix de l'habillement 110f,77.

(Voir ALG., *Solutions raisonnées.* Problème 14.)

694. — Un terrain est divisé en deux parties inégales, dont la

différence est de 29 ares 65 centiares et 3 dixièmes. Les $\frac{7}{9}$ de la 1re égalent les $\frac{10}{11}$ de la 2e. On demande le prix du terrain tout entier et de chacune des parties, en sachant que l'hectare vaut 9876 fr.

Brevet élémentaire. Aspirants. — Paris, 1880.

Réponse.—La 1re partie vaut 20 274f,44; la 2e partie 17 345f,91.
Le prix du terrain entier est de 37 620f,35.

(Voir ALG., *Solutions raisonnées.* Problème 18.)

695. — Deux personnes ont hérité ensemble d'une somme de 18 300 fr. La 1re ayant dépensé les $\frac{2}{5}$ de sa part et la 2e les $\frac{3}{7}$ de la sienne, il reste à la 1re deux fois plus qu'à la 2e. Quelles sont les deux parts d'héritage ?

Brevet élémentaire. Aspirantes. — Arras, 1877.

Réponse. — 1re part 12 000 fr.; 2e part 6300 fr.

(Voir ALG., *Solutions raisonnées.* Problème 25.)

696. — Trouver le traitement d'un instituteur, en sachant qu'il subit une retenue égale au 20e de son traitement; qu'il dépense par an les $\frac{4}{5}$ de son traitement diminué de la retenue, plus encore 200 qu'enfin au bout de 6 ans il est arrivé à économiser les $\frac{227}{550}$ de son traitement annuel.

Brevet élémentaire. Aspirants. — Douai, 1879.

Réponse. — Il a un traitement de 1650 fr.

697. — Avec le même capital on pouvait le 7 mars 1878 ache_ ter 1800 fr. de rentes 3 % ou 2021f,73 de rentes 5 %. L'écart par franc de rente, c'est-à-dire la différence des sommes néces- saires pour acheter 1 franc de rente était 2f,72. Quels étaient les cours de ce jour et le capital ?

Brevet supérieur. Aspirantes. — Rennes, 1878.

Réponse. — Capital 44 641f,62. Cours de la rente 74,40.

(Voir ALG., *Solutions raisonnées.* Problème 61.)

698. — On a acheté 8 kilogr. de sucre, 7 kilogr. de chocolat et 2 kilogr. de thé pour 44f,50. On sait que 3 kilogr. de chocolat ont la même valeur que 5 kilogr. de sucre, et que 2 kilogr. de

thé valent autant que 6 kilogr. de chocolat. Combien vaut le kilogramme de chacune de ces substances?

Brevet élémentaire. Aspirants. — Douai, 1873.

Réponse. — Thé 7^f,50 ; chocolat 2^f,50 ; sucre 1^f,50.

(Voir ALG., *Solutions raisonnées.* Problème 90.)

699. — Une personne achète une première fois 15 kilogr. de
café et 12 kilogr. de sucre pour 69 fr.; une seconde fois 17 kilogr.
de café et 14 kilogr. de sucre pour 79 fr. Quels sont les prix du
kilogramme de sucre et de café?

Brevet élémentaire. Aspirantes. — Paris, 1880.

Réponse. — Prix du kilogr. de café 3 fr.
         Prix du kilogr. de sucre 2 fr.

(Voir ALG., *Solutions raisonnées.* Problème 83.)

700. — On a payé 48^f,80 pour 8 kilogr. de sucre et 3 kilogr.
de thé. Si l'on avait pris 5 kilogr. de sucre et 7 kilogr. de thé,
on aurait eu à payer une somme de 92 fr. Quel est le prix du
kilogramme de sucre et le prix du kilogramme de thé ?

Certificat d'études primaires. — Seine-et-Oise, 1881.

Réponse. — Prix du kilogr. de sucre 1^f,60.

Prix du kilogr. de thé 12 fr.

701 — On a dépensé 80 379 francs pour acheter des vignes et
des terres. L'hectare de vignes a coûté 819 francs et l'hectare de
terres 528 francs. Si l'on avait payé 528 francs l'hectare de vignes
et 819 francs l'hectare de terres, on aurait dépensé 9894 francs
de moins. Quelle est l'étendue des vignes et celle des terres ?

Brevet élémentaire. Aspirants. — Saint-Denis (Réunion). 1881.

Réponse. — En vignes 73 hectares ; en terres 39 hectares.

702. — Pour remplir un tonneau de 450 litres, un marchand
emploie une certaine quantité d'eau et trois espèces de vin, qui
coûtent respectivement 40 fr., 44 fr. et 55 fr. l'hectolitre. Pour
1 litre du vin de 40 fr. il met 3 litres du vin de 44 fr. et il ajoute
1 litre d'eau pour 24 litres de vin. En vendant le mélange à raison de 60 centimes le litre, il gagne 54 fr. Combien a-t-il employé
de litres de chaque espèce de liquides?

Brevet supérieur. Aspirantes. — Melun, 1879.

Réponse.—De la 1re qualité il y a 45 litres; de la 2e 135 litres;
de la 3e 252 litres. Eau 18 litres.

703. — Un négociant a acheté pour 52 560 fr. de vins de qualités différentes : 159 hectol. de la 1re qualité ; 186 de la 2e et 428

de la 3ᵉ. Le prix de l'hectolitre de la 2ᵉ n'a été que les $\frac{5}{6}$ du prix de l'hectolitre de la 1ʳᵒ, et l'hectolitre de la 3ᵉ n'a coûté que les $\frac{3}{4}$ du prix de l'hectolitre de la 2ᵉ. Le négociant a dû vendre le vin de la 2ᵉ qualité avec perte de 6 %; mais il a gagné 18 % sur le vin de la 3ᵉ qualité.

On demande le prix auquel il doit vendre l'hectolitre de la 1ʳᵉ qualité pour que cette affaire lui rapporte 11 % de bénéfice.

Brevet supérieur. Aspirantes. — Poitiers, 1877.

Réponse. — Il doit vendre l'hectol. de la 1ʳᵉ qual. 104ᶠ,66.

Observation.

Les problèmes qui précèdent montrent quelle importance il y a pour les Aspirants et pour les Aspirantes à posséder les notions les plus élémentaires du calcul algébrique. Tel problème qui a été la cause d'un échec pour un candidat qui les ignorait n'a été qu'un jeu pour celui qui a pu user de cette ressource.

Nous avons cherché dans notre *Algèbre simplifiée* à exposer les principes de l'algèbre élémentaire avec toute la clarté possible, en les débarrassant de tout ce qui les fait paraître si arides.

CHAPITRE XIII

PROBLÈMES ÉLÉMENTAIRES DE GÉOMÉTRIE.

On a déjà énoncé (Chapitres III et IV) les règles à suivre pour calculer la surface du rectangle et le volume d'un corps à six faces rectangulaires. Nous devons y ajouter ici les règles qui se trouvent appliquées dans les problèmes suivants [1].

1° La surface d'un triangle est égale au demi-produit de sa base multipliée par sa hauteur.

2° La surface d'un losange est égale au demi-produit de ses deux diagonales multipliées entre elles.

3° La surface d'un trapèze est égale au produit de sa hauteur multipliée par la demi-somme des deux bases.

4° La longueur de la circonférence est égale au diamètre multiplié par le nombre $\pi = 3,1416$.

5° La surface d'un cercle est égale au demi-produit de la circonférence multipliée par le rayon.

Elle est égale aussi au carré du rayon multiplié par le nombre π.

6° La surface latérale d'un cylindre est égale au produit de la circonférence de la base multipliée par la hauteur.

7° Le volume du cylindre est égal au produit de la surface de la base multipliée par la hauteur.

8° Le volume d'une pyramide est égal au tiers du produit de sa base par sa hauteur.

9° La surface latérale d'un cône est égale au demi-produit de

---

1. Voir la démonstration très élémentaire de ces théorèmes dans notre *Géométrie simplifiée à l'usage des écoles primaires*. 1 vol. in-12 cart. Prix: 70 cent.

la circonférence de sa base multipliée par la distance du sommet
à cette circonférence.

10° Le volume d'un cône est égal au tiers du produit de sa hauteur multipliée par la surface du cercle qui forme sa base.

11°La surface de la sphère est égale à 4 fois la surface du cercle
qui aurait le même rayon.

12° Le volume de la sphère est égal au tiers du produit de sa
surface multipliée par le rayon.

Il est aussi égal à 4 fois le tiers du produit du cube du rayon
multiplié par le nombre π.

PROBLÈMES.

704. — Un terrain ayant la forme d'un triangle a été vendu à
raison de 45^f,50 l'are. La base du triangle étant de 118 mètres,
trouver la hauteur, en sachant que le prix de vente est de
1449^f,63.

Certificat d'études primaires. — **Paris, 1879.**

Réponse. — La hauteur du triangle a 54 mètres.

705. — Un tapis rectangulaire a 5^m,74 de long sur 4^m,25 de
large et coûte 8^f,75 le mètre carré. On a fait broder au centre une
rosace de 1^m,56 de diamètre au prix de 24 fr. le mètre carré et
à chaque angle un losange dont les diagonales ont l'une 0^m,84 et
l'autre 0^m,68, à raison de 16 fr. le mètre carré. Quelle est la dépense totale ?

Certificat d'études des adultes femmes. — **Paris, 1879.**

Réponse. — Dépense totale 266^f,59.

706. — Un parterre de fleurs a la forme d'un cercle dont le
diamètre est de 4 mètres, et il est entouré d'un sentier large de
1 mètre. On demande : 1° la longueur du contour du parterre
2° la longueur de la bordure extérieure du sentier ; 3° la surface
du sentier.

Certificat d'études primaires. — **Paris, 1879.**

Réponse. — 1° Contour du parterre 12^m,56.

          2° Bordure extérieure du sentier 18^m,85.

          3° Surface du sentier 15^{mq},71.

707. — On a acheté 1^m,10 de toile cirée ayant 1^m,25 de largeur pour recouvrir une table circulaire de 1^m,10 de diamètre.

Quelle est la perte éprouvée par suite de la partie non utilisée, si la toile cirée coûte 6ᶠ,5o le mètre carré ?

Brevet supérieur. Aspirantes. — Paris, 1880.

Réponse. — On fait une perte de 2ᶠ,76.

708. — Un particulier a fait répandre uniformément, dans une cour de forme rectangulaire, une couche de sable de 3 centimètres d'épaisseur, au prix de 4ᶠ,5o le mètre cube. La dépense s'est élevée à 136ᶠ,89 et la largeur de la cour est les 2 tiers de la longueur. On demande les deux dimensions de la cour.

Brevet élémentaire. Aspirantes. — Mars 1882.

Réponse. — Longueur 39 mètres ; largeur 26 mètres.

709. — Sur une nappe de 1ᵐ,80 de long et de 1ᵐ,3o de large, on place un napperon carré qui en couvre le tiers. Quelle est la longueur du côté du napperon et quelle en est la surface ?

Certificat d'études primaires. — Paris, 1878.

Réponse. — Surface du napperon 78 décim. carrés.
Longueur de son côté 883 millimètres.

710. — On veut construire une salle de classe d'une superficie de 60 mètres carrés et dont la longueur soit à la largeur comme 3 est à 2. Calculer à moins d'un centimètre près les dimensions de cette classe.

Brevet supérieur. Aspirantes. — Troyes, 1878.

Réponse. — Longueur 9ᵐ,48 ; largeur 6ᵐ,32.

711. — Un propriétaire a vendu deux pièces de terre, à raison de 45ᶠ,75 l'are. La 1ʳᵉ de forme rectangulaire a 100 mètres de long sur 54 mètres de large ; la 2ᵉ qui est triangulaire a 95 mètres de base et 64 mètres de hauteur.

Avec le produit de cette vente le propriétaire achète de la rente 3⁰/₀ au cours de 76,85. Quel sera le montant de la rente achetée ?

Certificat d'études primaires. — Belfort, 1878.

Réponse. — Montant de la rente achetée 150ᶠ,73.

712. — Un champ en forme de trapèze a 98ᵐ,5 de hauteur ; l'une des bases a 72ᵐ,6 et l'autre 64ᵐ,5. Les 2 tiers de ce champ sont ensemencés en maïs et le reste en pommes de terre. Le maïs donne 12 hectolitres et demi par hectare et les pommes de terre 16 hectolitres. Le maïs vaut 15ᶠ,25 l'hectolitre et les pommes de terre 13ᶠ,5o.

Trouver quel est le revenu réel du champ, si les frais de culture sont les 5 neuvièmes du prix de la récolte.

Certificat d'études primaires. — Paris, 1880.

Réponse. — Le revenu net est de 59^f,74.

713. — On a ensemencé en blé un champ de la forme d'un trapèze dont les deux côtés parallèles ont l'un 82 mètres et l'autre 68 mètres. La distance de ces deux côtés est de 128 mètres. La récolte a été de 4 gerbes par are et chaque gerbe a donné 3 litres 4 centilitres de grain.

Le blé a été mis dans un grenier de 5^m,20 de longueur sur 2 mètres de largeur. On demande : 1° l'épaisseur de la couche de blé ; 2° la valeur de ce blé à raison de 4^f,95 le double-décalitre.

Certificat d'études primaires. — Vosges.

Réponse, — Épaisseur de la couche de blé 182 millimètres.
Valeur du blé de la récolte 288^f,92.

714. — Un champ a la forme d'un trapèze dont les bases ont 120 mètres et 80 mètres, leur distance étant de 80 mètres. Ce champ serait vendu au prix de 75 fr. l'are.

Un acheteur en offre 2000 fr. comptant et demande à souscrire un effet par lequel il compléterait le prix du champ. Quel sera le montant de cet effet, s'il est payable au bout de 90 jours, au taux de 6 °/₀?

Certificat d'études primaires. — Ardennes, 1877.

Réponse. — Le montant du billet sera de 4060 fr.

715. — Combien de litres de haricots contient un vase cylindrique ayant 30 centimètres de diamètre et 70 centimètres de profondeur?

Certificat d'études primaires. — Pas-de-Calais, 1876.

Réponse. — Il y a 49 ^{l}, 480 c'est-à-dire 49 litres et demi.

716. — On fait creuser un puits de 12 mètres de profondeur sur 1^m,50 de diamètre. Quelle somme doit-on donner à l'ouvrier, à raison de 4^f,25 le mètre cube?

Certificat d'études primaires. — Paris, 1877.

Réponse. — On doit donner 90^f,12.

717. — Dans un tube cylindrique qui a 10 centimètres carrés de fond, on verse du mercure, de l'eau et de l'huile. Il y a 420 grammes de mercure, 127^{gr},80 d'eau et 765 décagrammes d'huile. On demande à quelle hauteur ces trois liquides s'élèveront dans le tube, en sachant qu'un litre de mercure pèse 13^{kg},5 et qu'un litre d'huile pèse 0^{kg},90.

Brevet élémentaire. Aspirantes. — Paris, 1881.

Réponse. — Hauteur demandée 1 mètre 9 millimètres.

718. — Autour d'une roue de 90 centimètres de rayon on fixe

une bande de fer, dont l'épaisseur est de 4 millimètres et là largeur de 8 centimètres. Quel sera le prix de celte bande, si le fer coûte 90 centimes le kilogramme? La densité du fer est 7, 8.

Certificat d'études. Cours d'adultes. — Paris 1880.

Réponse. — Prix de la bande circulaire 12^f,73.

719. — Une terrasse, ayant 8^m,50 de longueur sur 2^m,50 de largeur, a fourni, un jour de pluie d'orage, une hauteur de 54 centimètres d'eau dans un réservoir cylindrique de 78 centimètres de diamètre. On demande quelle est en millimètres l'épaisseur de la couche d'eau qu'aurait formée la pluie restée sur la surface horizontale et imperméable de la terrasse.

Brevet élémentaire. Aspirants. — Paris, 1881.

Réponse. — La couche d'eau aurait eu 12 millimètres d'épaisseur.

720. — Un tonneau d'arrosage en tôle a la forme d'un cylindre dont les dimensions intérieures sont 1^m,55 en longueur et 0^m,76 pour le diamètre. Trouver : 1° là capacité de ce tonneau; 2° la surface de la tôle qui est entrée dans sa construction.

Brevet supérieur. Aspirants. — Yonne, 1877.

Réponse. — 1° Capacité du tonneau 703 litres.
2° Surface de la tôle 4^{mq}60^{dq}81^{cq}.

721. — Quel serait le prix de 4000 mètres de fil de fer ayant 0^m,0018 de diamètre, à raison de 4^f,90 la botte de 5 kilogrammes? Le poids spécifique du fer est 7,8.

Brevet supérieur. Aspirantes. — Seine-et-Marne, 1879.

Réponse. — Prix demandé 77^f,80.

722. — Dans un cube de fonte de fer, dont l'arête est de 14 centimètres, on a creusé un trou ayant la forme d'une demi-sphère de 11 centimètres de diamètre. Quel est le poids du vase ainsi obtenu, si la densité de la fonte est 7,55?

Concours pour les bourses des Écoles municipales supérieures de Paris.—1880.

Réponse. — Poids du vase 18^{k}86^{gr},35 centigr.

723. — Un réservoir cylindrique a 2^m,40 de profondeur et un capacité de 1200 litres. Calculer le diamètre de sa base.

Brevet supérieur. Aspirantes. — Paris, 1877.

Réponse. — Le diamètre a 796 millimètres.

724. — Un cylindre dont la base a 3 mètres de circonférence et dont la profondeur est de 5 mètres, est rempli aux 3 quarts d'eau distillée. Quel est le poids de cette eau?

Brevet supérieur. Aspirantes.

Réponse. —Cette eau pèse 2683 kilogr. 875 grammes.

725. — Calculer la profondeur du litre cylindrique employé chez les marchands, en sachant qu'elle est double de son diamètre intérieur.

Brevet supérieur. Aspirants.

Réponse. — La profondeur a 172 millimètres.

726. — Le litre qui sert de mesure est en zinc et la profondeur est double du diamètre du fond. L'épaisseur du métal est de 5 millimètres et sa densité est 7,19. Calculer le poids de ce litre.

Brevet élémentaire. Aspirantes. — Besançon, 1877.

Réponse. — Le poids est de 2021 grammes.

727. — Une boule de fonte pèse 20 kilogrammes; calculer son diamètre, en sachant que la densité de la fonte est 7.

Brevet supérieur. Aspirants.

Réponse. — Le diamètre aura 176 millimètres.

728. — On jette dans un vase rempli d'eau jusqu'au bord trois boules de métal dont les diamètres sont entre eux comme les nombres 3, 5, 7, et il s'écoule du vase 39 centilitres 6 millièmes de litres d'eau. Calculer le volume de ces boules et le diamètre de la plus petite.

Brevet supérieur. Aspirants. — Nancy, 1879.

Réponse. — Les volumes de ces boules sont en centim. cubes :
pour la 1re boule, 21cmc,6; pour la 2e boule, 100cmc;
pour la 3e,274cmc,4.
Le diamètre de la plus petite à 34mm,6.

729. — Un homme a acheté à un certain prix convenu un champ ayant la forme d'un trapèze, dont la grande base, qui a 248 mètres, est double de la petite, qui n'est elle-même que les $\frac{4}{5}$ de sa hauteur.

Il s'est acquitté de la manière suivante. Il a payé, 6 mois après l'achat, le 1er tiers du prix augmenté de ses intérêts au taux annuel de 5 %; 6 mois plus tard le 2e tiers augmenté aussi de ses intérêts; enfin 6 mois après le 2e paiement, le 3e tiers avec ses intérêts.

Il a ainsi déboursé en tout 6093f,36. Trouver d'après cela quel était le prix d'achat de l'hectare.

Brevet supérieur. Aspirants.

Réponse. — Prix d'achat de l'hectare 2012f,90.

730. — Si l'on suppose que tous les habitants de Paris et de la banlieue, au nombre de 2 400 000, se donnent la main pour former une immense chaîne circulaire, où chaque personne occuperait en moyenne une longueur de 1m,35, on demande combien de degrés et de minutes occuperait son diamètre en latitude, et ce que la surface intérieure de ce cercle, supposée plane, serait par rapport à celle de la France qui est de 52 000 000 d'hectares.

Brevet supérieur. Aspirantes. — Paris, 1880.

Réponse. — Le diamètre occuperait du nord au sud 9°17'.

La surface du cercle égalerait 1582 fois la 1000e partie de celle de la France.

Observation.

Dans les épreuves écrites des examens du brevet supérieur, surtout pour les Aspirants, il y a souvent des problèmes d'annuités, qui exigent la connaissance des propriétés des progressions, et par conséquent une connaissance sérieuse du calcul algébrique. Ces problèmes n'auraient pas été à leur place dans ce recueil.

Nos lecteurs trouveront la théorie des progressions et des annuités dans notre *Algèbre simplifiée*, qui a été rédigée spécialement pour les aspirants et aspirantes au brevet de capacité, et les exercices dans le volume des *Solutions raisonnées* qui complète cet ouvrage.

TABLE DES MATIÈRES

PARIS. — IMPRIMERIE P. MOUILLOT, 13, QUAI VOLTAIRE

2208. — ABBEVILLE. — TYP. ET STÉR. GUSTAVE RETAUX.